LOS SECRETOS DE LA MENTE
Para ganar dinero

LOS SECRETOS DE LA MENTE
Para ganar dinero

Mario Quintero.

El activo más valioso que tiene todo ser humano es la mente, con un poder increíble. Cuando aprendes cómo funciona, marcas una gran diferencia en los resultados de tu vida diaria.

ÍNDICE

1.- Introducción

En cada uno de mis libros he recalcado mucho la intención que tengo de expresarme de una forma clara y sencilla, para poder trasmitir un mensaje útil, pues soy de la idea que compartir consejos mediante ejemplos prácticos, con historias de experiencias y anécdotas, hace más fácil la comprensión del contenido.

Trato en todo momento de cuidar las palabras utilizadas en mi lenguaje, que estás sean de uso común y cotidiano, así evito usar términos rebuscados para no confundir o complicar su lectura. Siempre lo he dicho y seguiré haciendo, tengo la idea de que cuando se lee un libro es con la intención de que al final te quede algo positivo, un aprendizaje o un mensaje nuevo que pueda ayudarte en algún momento futuro de la vida.

En más de una ocasión me he encontrado con libros llenos de palabras y términos tan difíciles y complicados de entender que me ha resultado imposible continuar con su lectura, en especial, con la comprensión de ésta, por lo que me preocupa mantener el mismo lenguaje claro y sencillo en cada nuevo libro. Dicho lo anterior, empezaré por tratar de explicar cómo funciona el mejor activo que tiene cada uno de los seres humanos, la mente.

Está científicamente comprobado que el poder de la mente humana es más que incomprensible en muchos casos, en general, haciendo referencia a todo tipo de temas. Por ello, es el mejor y más valioso recurso que tiene cada uno de los mortales que habitamos este planeta. Todo ser humano que entiende cómo funciona y es capaz de llevarlo a la práctica diaria de manera correcta, ve reflejado en muy poco tiempo los beneficios más que sustanciosos que tiene esta fortaleza.

Está por demás decir que es de los pocos recursos que existe al alcance de todos, de hecho, podemos disponer de éste en el momento que se estime necesario. Otra gran cualidad que posee es que no tiene costo alguno poder aprovechar sus beneficios, únicamente se necesitan muchas ganas para ponerla a trabajar a nuestro favor.

Es cierto que la mente es la herramienta más poderosa que puede tener todo ser humano, pero como todo en esta vida, no lo es únicamente en nuestro beneficio. La gran mayoría puede pensar que también es en su perjuicio, en ocasiones podemos imaginar que es el peor enemigo y tienen razón, en muchos de los casos es el principal obstáculo que se tiene que vencer para poder trabajar en el cumplimiento de nuestras metas.

Por muy complejo que parezca, una de las principales acciones que debe realizar todo ser humano preocupado en mejorar es aprender a trabajar en moldear y canalizar el poder de su mente, manipular los pensamientos buenos y malos, todos de manera positiva, y con esto aspirar a una mejor calidad de vida.

Este proceso por más complicado que parezca les aseguro que no lo es tanto, es mucho más fácil de lo que se escucha. Aunque, claro, como cualquier actividad nueva y desconocida, al emprenderla por primera vez nos será difícil, pero con la debida paciencia y la constante practica todo puede ser posible.

La mente de todo ser humano es impredecible, actúa de manera distinta según cada caso en particular, sin embargo, hay cuestiones y patrones generales que en todo momento obedecen a la lógica natural del ser humano. Después de analizar estas palabras, lo primero que tienes que entender es que todos tenemos la capacidad para hacer razonamientos lógicos, es la cosa más sencilla del mundo.

Un ejemplo práctico del uso de la lógica natural para mejor comprensión es el siguiente: si vas al mercado a comprar cierto producto en específico, al recorrer el lugar, caminando entre sus pasillos, te das cuenta que dos negocios diferentes, uno frente al otro, venden exactamente el mismo producto con las mismas características que tú necesitas. La única diferencia es que uno está más barato que el otro. En ese momento la lógica de cada uno los hará deducir al instante que tienes que adquirir el que está a menor costo. Así de simple es cómo funciona el poder de razonamiento de la mente en prácticamente cualquier ser humano.

Ante lo evidente que resulta ejecutar acciones lógicas naturales con nuestra mente, es cuestionable, al menos para mí, poder señalar o etiquetar a una persona diciendo algún mote de los muchos que predominan en nuestro florido idioma, sólo por decir unos cuantos: zoquete, inocente, tonto, bruto, bobo, lento, incapaz, inepto, ingenuo, iluso, etcétera.

Una infinidad de títulos inventados para señalar a alguien con la clara intención de hacerlo sentir mal, o por lo menos incomodo, por una toma errónea de decisión, al momento de implementar en su vida el razonamiento lógico de forma equivocada. Este tipo de conductas consideradas burlas entre los seres humanos es la primera gran tontería que tenemos que aprender a ignorar para de verdad poder avanzar en el camino en busca de una mejor calidad de vida.

Lamentablemente se ha vuelto algo cotidiano molestar a las personas cuando cometen una equivocación. Se nos olvida que todos estamos expuestos a errar, es muy lamentable que cuando alguien no toma la decisión correcta, lejos de ayudarlo para que la siguiente ocasión tenga un mejor resultado, lo primero que la gran mayoría de seres humanos hace es insultarlo u molestarlo; burlarse de él por la equivocación cometida.

Este tipo de conductas, altamente cuestionables, son las que siembran y fomentan el miedo en muchas personas. Puedes estar seguro que, a todas ellas, en acciones futuras, ese mal actuar de algunos seres humanos sobre ellos les cobrará una factura de incertidumbre muy alta, que se hará notar al momento de tomar nuevas elecciones en su vida diaria.

Por favor, no contribuyamos a este gran problema. Cuando te des cuenta de que alguien se equivoca, lejos de burlarte de él, mejor pon todo de tu parte para ayudarle a corregir su error o por lo menos, a que pueda conseguir un mejor resultado del que ha obtenido.

Con esto dejaremos de sembrar el miedo en las personas al momento de tomar futuras decisiones en su rutina, no tienes idea como con una simple acción puedes cambiar el rumbo o destino de un ser humano.

Es más que evidente que es parte de nuestra naturaleza y formación poder equivocarnos, somos humanos y por ende tenemos derecho a ello. De verdad créanme, nadie, absolutamente ninguno en este mundo es perfecto, un error, incluso varias equivocaciones, las puede cometer cualquiera y no por eso tenemos que limitar nuestra confianza y seguridad a seguir creyendo en nuestro instinto natural de razonar de manera lógica.

Es un gran error dudar de algo que por naturaleza todos tenemos, es sólo cuestión de aplicarnos para entender cómo funciona, practicar, en especial, creer y confiar para mejorar los resultados.

Es muy importante que no se retiren de la realidad que vivimos. Podemos darnos cuenta de que todo el que habita en este planeta tiene la capacidad de hacer razonamientos lógicos, simples deducciones mentales, como el ejemplo que te conté en párrafos anteriores, espero de verdad entiendas que esto es muy importante y estés consciente de que cualquier persona en sus cinco sentidos es capaz de hacerlos.

Sólo es cuestión de trabajar y practicar para aprender a manipular esos pensamientos, aplicarlos de forma correcta y así obtener mejores resultados.

Como cualquier cosa nueva que se quiere en esta vida, se necesita primero voluntad y después, muchas ganas para conseguirla, tienes que aprender a educar la mente, no olvides que tienes años, incluso décadas, realizando los mismos patrones de conducta, costumbres y hábitos que durante tu crecimiento fueron impuestos como aprendizajes y enseñanzas, protocolos de vida que, sin saber si son correctos o erróneos, obligan, en la mayoría de los casos, a obtener siempre los mismos resultados.

A este sistema o método tradicional que todo mundo conoce, incluso ha sido el que nos ha formado durante años. Lejos de llamarlo educación, se le podría llamar programación, pues desafortunadamente, parecemos títeres o borreguitos siguiendo únicamente las reglas o, peor aún, al de adelante.

Lejos de ayudarnos a concientizar nuestras fallas, nos obligan a pensar que todo conspira en nuestra contra, pues curiosamente, en cada momento de la existencia somos influenciados por alguien o por algo y lo más triste siempre de forma negativa o a conveniencia de alguien más.

No puedo negar que la forma errónea de formación y aprendizaje que hemos adoptado limita las capacidades de emprendimiento, desarrollo e innovación de cualquier ser humano, programando a todos, únicamente, para seguir las reglas y protocolos de vida ya impuestos, que, por cierto, son las mismas desde los inicios de la existencia humana.

¿Qué tan mal estaremos que todo ha cambiado y evolucionado de manera increíble, a una velocidad exponencial y solo nuestras costumbres, hábitos, enseñanzas, aprendizajes y educación siguen siendo las mismas desde antaño? Creo que algo no está evolucionando a la misma velocidad.

La gran interrogante a todo esto es que, si a conocimiento propio algo no está bien, ¿qué es lo que hará cada uno al respecto? Seguir haciendo todo lo que hasta el día de hoy ha hecho como parte de su rutina de vida diaria y simplemente hacer como si no pasara nada, aun cuando conoces el resultado diario de tus acciones; adoptar como correcta esta forma de crecimiento, formación y educación.

Porque existe la posibilidad de ser peor, puede que queramos trasmitir estas enseñanzas a nuestros futuros legados como la mejor opción, para que ellos continúen con este estilo de vida.

Por el contrario, podemos empezar a marcar la diferencia haciendo cosas y cambios de fondo que les ayuden a salir del error en que viven, mejor dicho, vivimos. Hacer de este momento el ideal para empezar a buscar cambios extremos que aporten beneficios directos y así lograr una mejor calidad de vida. Esta decisión depende completamente de cada uno en su interior, y de las ganas que tenga cada quien de salir adelante, ¿Usted, qué elige?

Aprender a trabajar en el mejor activo que tiene cada uno, la mente y entender cómo funciona nuestro razonamiento lógico, algo así de simple te puede ayudar de manera significativa para mejorar tu existencia. Hay muchas maneras para empezar a comprender cómo mejorar tu manera de razonar, de hecho, todo en esta vida se rige por la lógica natural, por ejemplo: si quieres tener un buen cuerpo físico ¿qué tienes que hacer?, La respuesta es fácil, bastante ejercicio hasta que el resultado esperado se vea reflejado en la economía corporal ejercitada, ¿estamos de acuerdo? Es exactamente lo mismo con la mente humana. Si quieres tener una mejor capacidad para razonar, tienes que empezar a ejercitar la mente, en este caso, me imagino que al momento nace la interrogante, ¿cómo lo puedes hacer?

Hay muchas maneras sencillas que te pueden ayudar a ejercitar y tener activa tu mente con ejercicios tan simples como los crucigramas, acertijos e incluso las constantes interrogantes de todos los problemas cotidianos, todos estos son una excelente opción de practica; basta pensar en todas las posibles respuestas de cada una de las variantes de resultados que puedas tener para cada interrogante; valorar tanto las negativas como positivas, la cuestión principal es analizar cada una de ellas con sus posibles resultados, consecuencias, variantes o beneficios, incluso repasar cuentas y hacer cálculos diarios de todo tipo, es bueno para estimular la mente.

Es tan bondadosa esta herramienta que en ocasiones basta con tener una actitud positiva para conseguir un mejor resultado en nuestro día, claro está que hay cuestiones más ordenadas y necesarias que se tienen que disciplinar y modificar en cuanto a muchas de nuestras costumbres y hábitos para obtener mejores resultados, por ejemplo: incrementar la lectura ayuda considerablemente a conseguir una mejor calidad de vida.

Como un comentario ilustrativo: ¿sabías que la gran mayoría de personas exitosas en este planeta leen en promedio más de un libro a la semana? Me pregunto, ¿cuántos lee Usted, mi querido lector, en el mismo lapso de tiempo, con independencia del tema que pueda ser? Se lo dejo de tarea para que medite, analice y valore esta información y en medida de lo posible incremente la lectura en busca de un mejor resultado.

Continuando con el tema, debemos tener una correcta disciplina de rutinas de sueño y, por difícil que parezca de creer, hasta de nuestra alimentación y hábitos de ejercicio, pues tienen mucho que ver con nuestro resultado diario.

En concreto, se puede deducir que la mente humana, entre muchas de sus bondades, posee como principal característica (Y la que más bienestar nos puede producir a los seres humanos) es tener un razonamiento lógico natural. Ante las constantes interrogantes diarias nuestra mente tiene la capacidad de brindar la mejor respuesta, con un sustento válido y, aunque en muchas de las ocasiones pudiera ser no el correcto, puedes estar seguro de que sí será la mejor opción en ese momento.

La respuesta de manera inconsciente se basa en las experiencias personales que ha vivido cada uno, implementando un algoritmo mental único y unipersonal, que siempre escogerá de entre millones de opciones, la más adecuada de acorde a las experiencias vividas por cada uno.

Estoy seguro que, al igual que muchas personas que viven su vida diaria, el lector se puede dar por enterado de este tipo de situaciones, que, de cierta forma, se vuelven repetitivas y hasta comunes en su rutina. Es imposible no enterarte que en la mayoría de los casos de individuos que no tienen buenos resultados en su vida diaria, son personas que encuentran en común un pretexto respaldado en alguna tonta excusa para justificarse de su mal resultado en su condición humana.

Tal vez estudiando un poco más a fondo el problema, al cuestionar las finanzas de estas personas y después de un sencillo análisis, podrás notar ciertos patrones similares de conductas, en especial de pensamientos erróneos que predominan en ellas.

Curiosamente todas coinciden en ciertos aspectos generales: tienen una manera de pensar muy negativa, en muy pocas situaciones se encuentran optimistas y claro que esto repercute directamente en las decisiones de su vida diaria, se puede pensar que ya forma parte de su rutina ser una persona pesimista.

Es muy fácil darte cuenta de que se quejan este tipo de personas en especial coinciden en que el dinero no les alcanza, que la vida es muy injusta con ellos, que siempre les pasa todo lo malo, que no cuentan con un buen trabajo, les pagan muy poco, en fin, todo un arsenal de pretextos. El caso es que siempre cuentan con una lista interminable de excusas repetidas y gastadas, como lo señalé al principio de estas líneas, con la gran característica que cada una es idéntica entre sí.

Se puede deducir que auto programaron su forma de pensar o, mejor dicho, se acostumbraron a vivir obedeciendo lo que su pensamiento limitado y negativo les dice. De forma inconsciente se adaptan y se conforman con lo que actualmente tienen, es triste, decepcionante e irónico cuando te das cuenta que están resignados, porque no hacen absolutamente nada para mejorar; ni siquiera intentan cambiar su manera de pensar.

Una vez que descubres esto, se vuelve inevitable cuestionarte si realmente el problema viene de afuera, como ellos señalan, o la gran mayoría de los mortales lo tenemos en nuestro interior, con nuestra errónea forma de pensar y actuar, pienso que el verdadero obstáculo es la manera equivocada en la que encausamos diariamente nuestros pensamientos.

Siendo honesto, se trata de maneras de pensar incongruentes, sobre todo al ser comparadas con sus conductas y actos. Todo el pesimista se queja de que el dinero no le alcanza, pero nunca los ves levantarse más temprano, incluso hacer el intento de acostarse más tarde, con la intención de ganar un poco de tiempo para hacer alguna otra actividad secundaria que le pueda ayudar a generar un ingreso extra, que obvio este sacrificio al final se puede traducir en un bienestar económico.

Lo menos que se podría esperar es que intenten hacer algún esfuerzo en muchos de los casos sobre humano para buscar o conseguir un beneficio, de cierta forma intentar mejorar su calidad de vida, pero tristemente en la realidad esto no sucede, prefieren no hacer nada.

En conclusión, se puede decir que han construido su vida de tal forma que obedecen ciegamente lo que su mente, recordemos, previamente programada con base en la repetición cotidiana, les ordena. No hay espacio del día para cuestionarse, poner en duda si ésta bien o mal lo que hacen; pues resulta más fácil y cómodo, para cada uno de ellos, quejarse de todo, en vez de intentar cambiar la manera de pensar, claro, con la sana intención de hacer algo productivo que les genere algún beneficio en su futuro.

Definitivamente en estos casos el mejor comienzo es trabajar en nuestros pensamientos para olvidar esa idea de que el bienestar económico es un privilegio exclusivo de unos cuantos.

Aunque lograr un resultado así de trascendente no es tarea sencilla, se debe dedicar tiempo y esfuerzo suficiente para cambiar nuestros pensamientos, tal vez hasta mucho trabajo, y aquí es donde desconozco la razón, pero no todos los seres humanos tienen la convicción y las ganas para iniciar un proceso de mejoría, hasta en el entendido de que es solo en su beneficio y que al final los resultados valen mucho la pena.

Si pones atención a todos aquellos mortales que gozan de una calidad de vida un poco más decorosa, al igual que en el caso anterior, podrás notar que comparten muchas similitudes en cuanto a su manera de pensar, incluso de actuar entre ellos.

Se trata de personas que siempre están en

constante búsqueda de diferentes y diversas entradas de dinero, y su manera de pensar es completamente distinta, es siempre positiva, en ocasiones hasta demasiado optimista; esta energía la conservan incluso cuando les va mal o tienen malos resultados.

Ni en las peores situaciones dejan de pensar que esa mala experiencia es parte de un proceso de aprendizaje y que en el siguiente intento sus resultados van a cambiar para bien, serán ahora favorables.

Estos ejemplos tan simples son sólo el comienzo de todo un mundo de misterios que se esconden detrás de la mente de cada ser humano. Por un lado, tenemos los pensamientos y acciones negativas que lo único que generan son pésimos resultados en quien los adopta como propios. En el extremo opuesto existen todos los terrenales que siempre piensan y actúan de manera positiva, a pesar de que todo esté en su contra, siempre le encuentran el lado bueno a cada situación, por difícil que ésta parezca.

Creo sobra darles a conocer los desenlaces que obtiene cada ser humano con su manera de pensar y, sobre todo, cómo influye ésta en su actuar. Ante cada actitud, ya sean negativas o positivas, siempre observamos una respuesta física, es decir, traducida en acción. Simplemente por lógica, hasta por salud mental, es mucho mejor y más sano verle el lado bueno a cada situación, aunque a simple vista no la tenga; les aseguro que sólo es cuestión de buscar y analizar detalladamente para encontrarla.

Hasta en las peores batallas, con resultados pésimos, puedes estar seguro que siempre habrá un punto de luz al final de la jornada, una esperanza que en muchos de los casos es suficiente para seguir adelante. Les aseguro que estos fracasos o malos resultados solo son parte de un proceso de aprendizaje y como tal, es bueno vivirlos y experimentarlos en carne propia, conocer la lección, aprender de ella y tratar en medida de lo posible, evitar el error que detectaste, en eventos futuros.

Por lo tanto, debemos tener muy presente que no todo lo malo que sucede es siempre para nuestro perjuicio, en la mayoría de las ocasiones depende del enfoque que se le dé para que se convierta en algo productivo.

Es lógico e incluso válido creer que cambiar nuestra manera de pensar puede ser un proceso difícil. Por naturaleza el ser humano le tiene miedo a todo en especial a lo desconocido, no dudo incluso que tengamos cientos de ejemplos de esta teoría.

Es normal que antes de realizar alguna actividad o tarea nueva tengamos miedo porque desconocemos muchas cosas, en especial, el resultado, pero con el paso del tiempo, un poco de paciencia, ganas y mucha práctica aquel ser humano temeroso termina convirtiéndose en todo un experto en el tema.

Es lo mismo que pasa con la programación de la mente, sólo es cuestión de perderle el miedo y tener muchas ganas para empezar a trabajar en cambiar nuestra manera de pensar y de razonar. Es necesario encaminar en todo momento nuestros pensamientos en sentido positivo, para que sólo trabajen en nuestro beneficio, y, así mejorar nuestra calidad de vida, canalizar de manera optimista, productiva y correcta cada uno de nuestros razonamientos y con ello optimizar nuestra energía; lograr que nuestra mente, cuerpo y alma trabajando de manera conjunta, nos ayuden a lograr con éxito cada uno de nuestros proyectos, planes y metas.

2.- Toda la vida

Comenzaré por contarles que no es cosa del otro mundo tener una manera de pensar distinta a la que actualmente tiene la mayoría de los seres humanos; de hecho, creo que el término correcto, más que distinta, es limitada y esto en gran parte se lo debemos a nuestro entorno, a la errónea manera que hemos adoptado al momento de desarrollar nuestra existencia. Debemos empezar por cambiar nuestras costumbres, continuando con nuestros hábitos, hasta terminar con nuestras rutinas.

Podemos hacer un poco de memoria remontarnos en el tiempo al momento en que nace el ser humano, cuando apenas puede dar unos pocos pasos con firmeza y ya se le está preparando para iniciar el proceso de programación mental bajo cierto patrón de conductas y protocolos, esos que nos han regido a todos nosotros durante toda la vida.

Que por cierto, ¿nunca nadie se ha regalado un poco de tiempo para cuestionar de manera oficial, científica o por lo menos reconocer públicamente si es bueno o malo nuestro tradicional sistema de crecimiento, formación, desarrollo, aprendizaje y educación que hemos adoptado durante tantos años?

Con independencia de la respuesta a la interrogante anterior, podemos darnos cuenta a diario del crecimiento y evolución que tenemos en prácticamente todo o casi todo.

Por el contrario, los métodos y sistemas de aprendizaje, enseñanza y educación siguen siendo los mismos (con pequeños y limitados cambios y avances) desde que tengo uso de razón; ya que comenzaron con los bisabuelos, continuó con los abuelos, después los papás, ahora nosotros y hasta nuestros hijos y muy posiblemente los nietos, todos van a aprender bajo el mismo sistema y protocolo de vida.

Te puedo platicar que tengo más de cuarenta años de vida y soy testigo de lo que digo. ¿No te parece esto una incongruencia en la evolución de la raza humana? Cuando entenderemos que en una semana las revoluciones tecnológicas tienen el poder y la capacidad de cambiar al mundo con sus creaciones e innovaciones; y que por el contrario nuestros métodos y sistemas de enseñanza siguen siendo los mismos desde nuestros ancestros.

Lo único que se ha modificado son las cuotas y métodos de pago, se puede decir que esas sí se han actualizado cada corto tiempo.

Con toda humildad insisto, algo estamos haciendo mal, muy mal y lo más triste es que nadie hace nada para cambiarlo, mucho menos para detenerlo.

En ocasiones pienso que el sistema monetario y capitalista del país esta tan perfectamente estructurado que lo han planeado durante toda la vida para no cometer errores.

Sin embargo, siento que este se ha diseñado para que muy difícilmente la gran mayoría podamos salir adelante, todos juntos como país, pienso que está elaborado para tener una sociedad cien por ciento capitalista y consumista, completamente controlada, sometida y esclavizada a obedecer las órdenes de unos cuantos, que curiosamente son los amos y dueños del país.

La lógica es sencilla, basta con imaginar el caos en que se convertiría la existencia humana al no tener mano de obra barata que trabaje para seguir incrementando de manera desproporcional la fortuna de estos billonarios, aquellos pocos que son los dueños de los emporios.

Los que manejan y controlan el planeta a su conveniencia, puedes estar seguro que este mecanismo es y será, durante muchos años más, nuestro karma.

Les puedo compartir un ejemplo bastante fácil de entender para que tengan una idea más clara de lo que les platico. Estoy seguro que todo mortal conoce alguna de las grandes empresas transnacionales que existen a lo largo y ancho de cada continente, pensemos en una, en la primera que se le venga a la mente; mejor aún, intente platicar con algún amigo, conocido o pariente que trabaje en alguna de ellas, estoy casi seguro de que todos tenemos a alguien cercano trabajando para estos súper mega emporios.

Cuando pueda intercambiar algunos minutos de charla con esta persona se dará cuenta de muchas cosas interesantes, las cuales, tras un análisis de fondo, le resultarán escalofriantes, sólo hará falta escuchar con atención sus comentarios y saber interpretar a consciencia el contenido de sus palabras.

Primero le platicará que empezó a trabajar para esa empresa porque fue uno de los pocos lugares donde pudo conseguir trabajo de forma fácil, rápida y sin tanto requisito, esto gracias a la plantilla tan amplia y grande de trabajadores que ahí necesitan diariamente para laborar.

Después le dirá que, como todos los trabajadores de primer ingreso, comenzó a desempeñar uno de los puestos jerárquicamente más bajos de la empresa, en este caso de repartidor.

En esta posición, considerando el tiempo que pasaba arriba del vehículo de la empresa haciendo repartos de productos y los minutos que duraba recorriendo los trayectos de camino de su casa al trabajo, este mortal invertía cerca de diez horas de su vida diaria arriba de automotores manejando, si a esta cantidad de tiempo le sumamos las ocho horas que por rutina un ser humano tiene que descansar durmiendo, mas los minutos que por necesidad u obligacion tiene que invertir en las labores propias y rutinarias de la vida como lo es ingiriendo alimentos o en el baño haciendo sus necesidades, tomando la ducha o simplemente preparandose y alistandose para ir a trabajar, al hacer la suma de todos estos fragmentos de tiempo nos podemos dar cuenta de que literal este ser humano vive su vida unicamente para trabajar.

Tercera, cuando este trabajador no estaba arriba de algún vehículo repartiendo productos o manejando a su casa el resto del tiempo de forma directa o indirecta, lo debía invertir en asistir a constantes capacitaciones, cursos o platicas supuestamente motivacionales para inculcarles el valor del trabajo, enseñarles a dar todo por la empresa.

De forma convincente los invitan a que "se pongan la camiseta" y aspiren a ascender dentro de la misma empresa para tener un mejor puesto y, por lógica, ganar más dinero. Es cierto que logran hacer esa visión de trabajador como todo un sueño a seguir para cada nuevo empleado, en automático se vuelve la aspiración de muchos, entre ellos el amigo que les comento que comenzó a laborar de repartidor.

Llegó el momento en el que anhelaba ascender de puesto, ser supervisor de área, que era el siguiente nombramiento según el escalafón laboral, aunque eran las mismas horas de trabajo, el pago era un poco mejor. Él creía que con ese incremento económico solucionaría muchos de sus problemas diarios.

Al paso de unos cuantos años de ser un repartidor responsable y eficiente en la empresa, después de entregar la mayor parte de su tiempo diario aprovechable a ella, logró ser supervisor de área y con eso conseguir un ingreso económico un poco mejor.

Lo que mi conocido no consideró fue que sus hijos crecían y a la par, requería más efectivo para poder con la nueva carga de gastos que ellos necesitaban, por lo tanto, fue un paso obligado seguir dando todo por la empresa para poder aspirar a otro puesto más alto: ahora supervisor de ruta.

El pago sería mejor que el anterior, pero, desafortunadamente, en esta ocasión tendría que invertir un poco más de tiempo en este nuevo cargo, por el hecho de que precisaba salir más tiempo a las carreteras, pues incorporaría a sus compromisos más lugares para su supervisión, en conclusión, pasaría más tiempo manejando que cuando era repartidor. Sin embargo, el pago, se supone, compensaría ese incremento de tiempo trabajado.

No podría precisar el motivo, pero al paso de unos cuantos años más, su ingreso económico de nueva cuenta no fue suficiente, no le ajustaba. Podemos culpar de esto al constante incremento económico en prácticamente todo, menos en los sueldos.

Tal vez la perfecta mercadotecnia que te hace querer básicamente todo lo que anuncian, haciendo en la actualidad que cualquier persona gaste cerca del cincuenta por ciento de su sueldo en gastos electrónicos, tanto en servicios como productos, o porque no culpar la falta de cultura e información en cuanto a la administración económica del patrimonio familiar.

El motivo sale sobrando, la cuestión aquí es que de nueva cuenta esta persona trabajadora necesitaba otro ascenso laboral para seguir haciendo frente a la nueva falta de efectivo y poder seguir cumpliendo con sus obligaciones familiares.

Después de casi quince años de arduo trabajo logra otro ascenso, en esta ocasión se convierte en supervisor regional. Gracias a sus esfuerzos sobrehumanos ha logrado crecer laboralmente dentro de la empresa y, por fortuna, con cada nuevo logro obtiene un ingreso económico mayor al que tenía con el puesto anterior.

En este punto, la vida le comienza a cobrar factura por muchos detalles, el primero y más importante, se lamenta de haber dedicado tanto tiempo al trabajo y por ende, casi no poder convivir o disfrutar momentos con su familia.

Cada nuevo ascenso laboral reducía considerablemente los minutos al día que interactuaba con sus seres queridos, pero bueno, en el fondo se consuela con la cuestionable justificación de que no tenía otra opción, pues debía trabajar para darle lo mejor a su familia.

La edad también cobra su parte. Tanto tiempo en carreteras manejando cansa y desgasta a cualquier mortal del planeta y en este caso no tenía por qué ser la excepción, se comienza a sentir muy cansado, ya no tiene la misma fuerza que hace veinte años, en su interior ronda constantemente la interrogante de si está haciendo lo correcto o no.

En este preciso episodio de la vida es cuando, como premio de tantos años de dedicación, lealtad y trabajo a la empresa, ésta le entrega una supuesta recompensa: el puesto de Gerente General, ¡qué excelente noticia! Aparentemente ya no tendrá que estar tanto tiempo manejando en carretera, por fin descansará un poco o por lo menos eso creía él. ¿Por qué digo esto? Tal vez es cierto que descansaría en cuanto al hecho de pasar tanto tiempo en carreteras, pero a cambio de ese beneficio recibirá un compromiso mucho mayor en cuanto a las responsabilidades administrativas y numéricas adquiridas, ahora tendrá que entregar resultados obligados: ventas, cuentas, números, saldos productivos, favorables y sustanciosos para la empresa.

Es complicado saber a estas alturas de la vida y en especial con precisión, qué puede ser más desgastante, si pasar mucho tiempo en carreteras o adquirir un montón de compromisos y responsabilidades administrativas en especial de una megaempresa; de verdad ni cual escoger. A esta responsabilidad hay que sumarle el cúmulo de años que acarrea la edad de esta persona y que, por ende, le hace más pesado y difícil cualquiera de las dos opciones.

Para este momento de su existencia, sus hijos han hecho su vida y lo han dejado solo con su esposa. La casa se siente vacía, en el interior tiene un caos de sentimientos encontrados, por una parte, se siente feliz, pues después de más de veinticuatro años de arduo trabajo por fin tiene un buen puesto dentro de la empresa a la que le dedico prácticamente toda su vida, sólo tiene algunas dudas, por otro lado, se cuestiona constantemente si en verdad fue la mejor opción haber dedicado tanto tiempo al trabajo y no a su familia.

Es irónico, porque en todos lados y a través de todos los medios se nos dice que la familia es primero, que es lo más importante que puede tener cualquier ser humano.

Ante este criterio le resulta imposible no preguntarse si hizo lo correcto al sacrificar a su familia por el trabajo, aun con la supuesta justificación de ofrecerles una mejor calidad de vida, que, dicho sea de paso, nunca logró darles el estatus social y económico que él quería para ellos.

Por otra parte, su esposa, quien por obvias razones ya es grande de edad y también se siente cansada, le dice que le gustaría pasar más tiempo con él, que considere la opción de renunciar a su trabajo, pues ya sacrificó a sus hijos al casi no verlos, ni convivir con ellos debido a su horario laboral, ahora le pide que por favor no haga lo mismo con sus últimos años de vida como pareja.

Sus hijos, al paso de los años se salieron de casa, ya con su vida hecha, casi no los visitan y ella se siente sola. Él, por su parte, le trata de explicar a su esposa que sólo le faltan seis años para conseguir el sueño dorado de poderse jubilar y con eso tener una bonita vida, la que durante tanto tiempo ha buscado y soñado.

En ese momento la esposa le hace un comentario que lo deja sin aliento, le dice que está bien, pero no sabe si ella los aguantará, pues su salud se deteriora rápidamente y lo único que en verdad le gustaría sería disfrutar del mayor tiempo posible a su lado, mientras todavía pueda.

Ante esta situación el Gerente se cuestiona a diario si hizo lo correcto con la forma de administrar su tiempo en su vida. Tiene la gran duda si debe dejar el trabajo y perder toda la antigüedad que cotizó en la empresa a lo largo de su vida, para realmente hacer lo que su corazón le dice, incluso lamentablemente valora la posibilidad de pedir un puesto de los más bajos dentro de la misma empresa, donde no tenga tanta responsabilidad y eso le permita tener más horas libres al día para poder convivir más tiempo con su esposa, ¡qué ironías de la vida todas estas injusticias!

De este ejemplo debemos tener varias cosas muy presentes y aprender por lo menos tres de ellas que considero fundamentales. La primera, el dinero nunca será suficiente para ningún ser humano, siempre queremos más y más.

Puedes estar completamente seguro de que jamás te sentirás satisfecho con lo que obtengas, sin importar la cantidad de dinero que sea o de los logros laborales y académicos que consigas.

Segunda, haz un poco de meditación a conciencia, pensar si en verdad tu sueño es escalar puestos en una empresa, eso es realmente lo que más quieres o necesitas, porque cuando llegues a la cima será irónico que se valore la opción o posibilidad de tener un puesto de menor rango para quitar estrés, compromisos y responsabilidades a tu existencia y así poder aprovechar o ganar un poco más de tiempo para convivir y disfrutar momentos inolvidables al lado de tus seres queridos.

Por último, tercera, nunca olvides que lo más valioso que puede tener todo ser humano es su tiempo, por favor, no lo desperdicies, ni malgastes. Piensa muy bien cada que tomes una decisión que involucre sacrificar segundos de tu vida, porque créeme que con absolutamente nada logras recuperar un solo instante de tu tiempo gastado y arrepentirse no te sirve ni ayuda en nada.

Por favor invierte cada minuto de tu vida con inteligencia, para que te arrepientas la menor cantidad de veces posibles. Ten siempre en mente estos errores que te comparto para que no te equivoques y elijas correctamente qué hacer con lo más valioso que tienes tu tiempo.

Como seres humanos no entendemos no queremos abrir los ojos, les decía en líneas anteriores que los avances de la ciencia cambian el presente y, sobre todo, el futuro. Un simple cambio hace la diferencia en la existencia de la humanidad. Entonces no entiendo, cómo puede ser posible el retroceso que vivimos como personas, por más que trato de justificarlo, de verdad no puedo, no encuentro respuestas lógicas que me ayuden a entender lo que pienso.

Hace escasos cinco años los medios de transporte eran relativamente normales, de emisión de gases y de pronto escuchamos noticias y novedades de la incorporación de autos eléctricos a la vida diaria, un claro ejemplo de que los avances científicos y tecnológicos van en un aumento de manera exponencial.

Más increíble resulta saber que en la actualidad ya tenemos prototipos de autos que pueden volar e incluso actualmente existen en el mercado automotores que se manejan sin chofer, únicamente por medio de programas y software de computadora, inventos y avances tecnológicos que mejoran o mejorarán la calidad de vida de todos los seres humanos del planeta.

Insisto, como personas estamos desarrollando de forma errónea nuestra formación y crecimiento, de verdad no es posible que, ante tantos avances como seres pensantes, contrario al sentido de la evolución, somos la única especie que seguimos en retroceso, pues conservamos nuestros típicos y tradicionales sistemas rudimentarios de enseñanza y aprendizaje.

Estos son tan obsoletos que todavía los pequeños discípulos tienen que cargar en la espalda kilos de libros y libretas para poner en práctica los comunes métodos de aprendizaje, tomando apuntes en las clases impartidas, que narran historias sucedidas hace cientos de años y que, dicho sea de paso, cada día que transcurre, surgen nuevos estudios y datos que demuestran que muchas de esas versiones que nos rigieron por tanto tiempo como verdad, son mentira. ¡Qué cuestionable es todo esto!

Por difícil que resulte creer, hoy en día existen lugares donde todavía se utiliza el ábaco como principal herramienta para la enseñanza matemática y, quiero aclarar, no tengo nada en contra de todos estos métodos y sistemas, pues nos han formado a muchos de nosotros; al contrario, estoy agradecido porque gracias a ellos soy alguien.

Sin embargo, estoy en contra de la desigualdad que existe para equipar con mejores herramientas y conocimientos a las nuevas generaciones, que por lo menos puedan tener las mismas oportunidades para poder competir en un terreno más justo y equitativo para todos.

Los métodos y sistemas de enseñanza que nos han sido impuestos durante toda la vida son verdaderamente cuestionables. Como les he dicho en párrafos anteriores, en todo momento se nos imponen reglas en cuanto al estilo de vida, incluso de manera inconsciente.

Podemos observar en la cotidianidad cómo

un recién nacido que todavía no habla o un bebé que apenas comienza a desarrollarse e intenta dar sus primeros pasos todavía con mucha incertidumbre y en la primera oportunidad que se tiene, aquellos que cuidan de él ya lo están condicionando a obedecer una serie de procedimientos del protocolo de vida que nos ha regido durante toda la existencia.

Por desgracia todas estas tendencias encaminan a la misma dirección, restringir la manera de pensar de todo aquel que las adopta.

Esto, en muchas maneras, condiciona y limita la posible creatividad de cualquier niño y sobre todo la forma en la que explora el mundo que le es aún desconocido. Se ataca directamente y sin piedad alguna, su indefenso coeficiente y subconsciente con instrucciones claras, sencillas y precisas, de tal suerte que lo están programando desde el inicio de su formación. Así, desde niños, quedamos condicionados a solo obedecer y hacer lo que se ordena.

Desde muy temprana edad se niega la posibilidad de experimentar cosas nuevas, bajo el pretexto de que "nos podemos causar algún daño". Todos hemos sido criados bajo este principio del miedo a todo lo desconocido, con la intención de que la curiosidad no nos lleve a explorar o experimentar en lo que no conocemos.

Así, acostumbrar a todo mortal a obedecer

siempre una figura de autoridad que aparentemente sabe más que nosotros; empezamos con los papás, luego vienen los maestros y, por último, un jefe o patrón impuesto en nuestro lugar de trabajo.

Quiero interpretar de manera optimista este protocolo de desarrollo, formación, crecimiento, enseñanza y educación que se nos ha impuesto. Pienso que tiene puntos acertados y positivos, el problema es, ¿hasta dónde es correcto? Porque no creo que tenga nada de bueno limitar y someter todo el tiempo a ningún ser humano a ciertas creencias, costumbres e ideologías y bajo ningún motivo, utilizar el mismo método u sistema de enseñanza con las mismas reglas para formar a millones de personas con características completamente distintas en especial de diferentes épocas.

Ésta más que comprobado que cada ser humano por sí solo requiere acciones tan diferentes de acorde a su personalidad, en especial, en cuanto a la forma de aprender, las maneras de pensar, actuar y reaccionar ante cada evento, pues cada persona vive circunstancias distintas.

Hay cientos de ejemplos que día a día dan constancia y veracidad a estas teorías. Es curioso cómo, apenas cumplimos los tres años y ya nos ingresan a una escuela para estudiar. No estoy muy seguro si a esa edad es correcto hacerlo o no, incluso si sea para aprender o sólo para que nos acostumbremos desde pequeños a obedecer órdenes de un tercero. Pues dudo mucho del aprendizaje teórico, práctico, escrito u oral que podamos absorber a tan corta edad.

Sin embargo, estoy casi seguro de que la intención sí es comenzar a programar correctamente nuestra mente para que obedezca lo que un maestro le dice. Pareciera que la idea en todo momento es sembrar el miedo a actuar por iniciativa propia y sólo importa cuidar el hecho de aprender bien a obedecer a alguien más en todo momento.

Pero, lo que en verdad me preocupa es la efectividad del método implementado, pues, aunque la adquisición de conocimientos tenga deficiencias, es más que claro que aprendemos a responder y obedecer las órdenes que se nos dictan, porque si no lo hacemos como ellos lo piden y de forma correcta, seremos castigados.

Aunque hoy en día este sistema cuenta con un sinfín de variantes igual de cuestionables y lamentablemente siguen vigentes, sobre todo en cuanto a la aplicación de castigos.

Esto se extiende más allá de lo que pudieran imaginar, pues este proceso de sometimiento se prolonga más de lo impensable y tristemente se implementa durante la mejor etapa de crecimiento y aprendizaje de cualquier ser humano: los primeros veinte años de vida.

¿Es casualidad o un trabajo perfectamente estructurado? Porque, ¿en qué porcentaje de efectividad nos puede ayudar este tradicional sistema a ser mejores personas, incluso independientes o innovadoras? El beneficio o en su caso el perjuicio que provoca es altamente cuestionable, ¿de qué forma puede ayudar estar durante los primeros veinte años de vida sometidos a obedecer instrucciones de terceros a cada instante y en muchos de los casos, sin poder contar con la certeza de que la persona que nos ordena tiene la certificación para hacerlo?

Pregúntense, ¿en qué momento de la formación y crecimiento del ser humano, dentro de nuestro típico y tradicional sistema de aprendizaje, se nos permite explorar por cuenta propia? Lo más alarmante; ¿quién me asegura que la persona o personas que están al frente supuestamente guiándonos sean las correctas para hacerlo? Porque, perdón por ser tan realista, pero cabe la duda, que lejos de que su enseñanza sea de ayuda, lo sea en mi perjuicio. Les aseguro que en la vida hay muchos casos que con sus testimonios respaldan la veracidad de esta teoría.

Ejemplos tan prácticos y sencillos como el caso de maestros o profesores que imparten clases de emprendimiento y que jamás en su vida han tenido un negocio por cuenta propia. En estos casos es válido o, por lo menos, correcto, cuestionarse si este tipo de personas realmente tienen la capacidad para ayudarte a emprender algo de manera positiva, cuando ellos mismos no han sido capaces de hacerlo.

Sin embargo, esta situación es una realidad que estoy seguro que será muy difícil cambiar por lo menos en un futuro cercano. Pero hay algo que sí podemos hacer y es trabajar en nosotros para enseñar a nuestra mente a modificar su errónea manera de reaccionar ante los razonamientos diarios.

Propongo un ajuste que nos ayude a cambiar nuestra calidad de vida. Tal vez parezca difícil, pero les aseguro que es mucho más fácil de lo que creen.

Quiero compartirles más adelante un ejemplo sencillo para que se den cuenta de dos cosas: primera, que entiendan el poder que ejerce la mente humana sobre nuestros actos y consecuencias diarias y, segunda, dimensionar la fortaleza que podemos obtener si canalizamos de manera correcta cada uno de nuestros pensamientos.

Créanme, vale la pena aprender a moldear nuestra manera de pensar, porque al lograrlo conseguiremos obtener resultados positivos, productivos e increíbles en nuestra vida diaria.

Es inmediatamente notorio el bienestar que generamos en nuestra existencia cuando aprendemos a controlar nuestros pensamientos y con ello, por consecuencia nuestras reacciones ante las constantes interrogantes de la rutina diaria.

Este tipo de situaciones son tan fáciles de comprobar que basta con analizar el siguiente ejemplo, para que te des cuenta de la veracidad de lo que te acabo de platicar.

Imagina que un día normal, un grupo de amigos se levantó con el ánimo de molestar a alguien y en un juego mental interno de azar resulta que el candidato para ejecutar su perverso plan eres tú. Dan inicio con la ejecución mandándote un mensaje invitándote a la playa, ya que varios amigos van a ir y te preguntan si los quieres acompañar.

Como toda persona normal, al momento que te enteras de la invitación contestas de inmediato que sí. Preguntas a qué hora pasan por ti y específicas que sólo necesitas unos pocos minutos para estar listo y una vez que se ponen de acuerdo y fijan la hora, sólo queda esperar a que llegue el momento. Ante la emoción, no haces nada más que ponerte un traje de baño y una camisa sin mangas y listo, a contar los minutos que restan para iniciar la travesía.

Llegada la hora acordada pasan por ti y en un juego de sentidos y sensaciones encontradas, te tapan los ojos y te suben a la parte trasera de un carro. Dan marcha al automóvil y empiezan a circular, mientras uno de los tripulantes sube el radio a todo volumen para escuchar canciones del momento durante todo el tiempo que dure el recorrido.

Después de trascurrir a bordo del vehículo por poco más de una hora, por fin se detiene el motor. Cuando te bajan, todavía con los ojos tapados, lo primero que haces es quitarte las sandalias y al tocar el suelo, sientes inmediatamente en la planta del pie la arena caliente. Por su parte, el sentido del oído hace su trabajo y percibe claramente el sonido de las olas del mar al reventar, como si estuvieran muy cerca de donde te encuentras parado.

La sensación es tan fuerte y clara, que tarde se te hace poder disfrutar a pesar de saber que estas justo ahí, cuando te encuentras parado fuera del carro, percibes en tu cuerpo la brisa del mar que al instante te provoca escalofríos en toda tu economía corporal.

Cuando más concentrado te encuentras, disfrutando de tan agradable momento, con las emociones al máximo, lo único que quieres es correr a meter al mar lo antes posible; cómo evitar todas esas sensaciones y emociones con tan increíble lugar.

Aquí es cuando llega el momento y te descubres los ojos para poder disfrutar plenamente con todos los sentidos de tan hermosa experiencia.

Que sorpresa te llevas al instante cuando tus ojos quieren admirar tan bello paisaje, pues, lo primero que tienes frente a ti es un lugar plenamente conocido, lo identificas inmediatamente, por cierto, dicho sitio se ubica a solo media cuadra de retirado de tu casa y no tiene nada que ver con una playa. Se trata de una calle común y corriente rodeada de casas, una zona habitacional como cualquier otra.

Entonces, se te viene un mundo de preguntas a la mente, te cuestionas ¿qué es lo que pasa?, ¿qué haces ahí parado, si se supone que te encontrabas frente a una playa? Mientras buscas respuestas, más preguntas salen a relucir.

Cuando por fin logras organizar un poco tu mente, sobre todo tus pensamientos, te das cuenta de que estás parado sobre un montón de arena que se ve claramente que tiraron a propósito en el piso, para que en el momento de que pusieras los pies, sintieras la sensación de que estabas parado sobre arena como si fuera una playa.

Todo confundido, volteas un poco la mirada y vez un ventilador a pocos metros de distancia, sobre el cual dejan caer un poco de agua, con toda la intención de que tus sentidos perciban en el cuerpo intervalos de ráfagas de viento mezcladas con un poco de agua, tratando de simular una brisa, en este caso de mar.

Finalmente, cuando analizas todo tu alrededor y con mucha más calma, observas el suelo y ves una bocina de alta fidelidad que emite sonidos de olas de mar reventando. Mudo y sin respuestas claras en tu mente de qué sucede, ronda una sola interrogante ¿qué fue lo que pasó?

Me permito explicarte de manera práctica el mensaje contado en el párrafo anterior, empezaré por detallar los puntos que considero más importantes; el primero es resaltar que, con un poco de producción e imaginación, de forma por demás sencilla, lograron manipular los pensamientos del cerebro humano.

Es imposible mentir diciendo que ante tales acontecimientos la mente no pudo evitar pensar lo que influencias externas quisieron hacerle creer en ese momento.

Lo convencieron tanto que incluso pensó e imagino que se encontraba parado frente a una playa, disfrutando de la brisa que hacen las olas. Esto fue posible gracias a la manera en la que involucraron a los sentidos: la arena caliente en la planta de los pies, la bocina y el ventilador, todo tuvo que ver en el resultado final.

En conclusión, en este ejemplo podemos darnos cuenta como la mente obligó a creer algo que de forma inconsciente deseaba y, por ende, se le ordenó que pensara.

Quisiera que entendiéramos claramente el mensaje que nos deja esta historia: la mente es nuestro mejor activo, la herramienta más fuerte y valiosa que posee todo ser humano, entender que es altamente manipulable, con esfuerzo y muchas ganas, es posible inducir y canalizar de manera positiva los pensamientos que generamos en ella, aprender cómo hacerlo es una de las cosas más importantes en esta vida, para poder canalizar todas las fuerzas, tanto físicas como mentales, en un solo sentido, el de conseguir un bienestar común, en pocas palabras una mejor calidad de vida.

Se tiene que empezar a trabajar con buenas rutinas de pensamiento, cambiar la manera de ver la vida, dar un vuelco completo para cambiar lo malo por lo bueno, aprender a generar cosas optimistas, productivas y positivas.

Un aspecto muy importante que se tiene que considerar en todo momento es tener una salud mental excelentemente buena, buscar siempre, respuestas saludables, que lejos de cortar nuestras ganas o aspiraciones, nos ayuden a seguir en la lucha por mejorar y nos motiven a conseguir y ambicionar metas y sueños cada vez más grandes.

En esa búsqueda, como se los comenté anteriormente, no importa el resultado de cada nueva acción que tengamos; lo que se tiene que cuidar y mucho, es el procedimiento y el seguimiento mental que daremos a cada uno.

Por muy difícil y malo que parezca, créanme que es verdaderamente importante que se haga conciencia que todo mal momento, fracaso, derrota o perdida; si se quiere y aunque no lo parezca, siempre tendrá una buena respuesta; claro cuando se tenga la intención de mejorar o seguir adelante. Porque para ser una persona pesimista cualquier excusa es bastante buena para no hacer nada y seguir viviendo la vida tal cual la tengan.

Hay todo tipo de ejemplos para demostrar esto que les platico, uno de los más comunes sucede cuando se inicia algún proyecto nuevo y no se tiene el resultado que se espera. La primera consecuencia que se recibe de esta acción, en la mayoría de los casos, es la perdida de dinero, algo que de verdad es una de las cosas que más desmotiva a cualquier ser humano.

Es obvio que cuando alguien experimenta una situación de éstas, se sienta de la fregada y cómo no hacerlo. Después de muchos dolores de cabeza cuestionando si era buena opción o no emprender un negocio u actividad nueva con la intención de mejorar, cuando por fin te animas y te avientas a hacerlo, obtienes como resultado un rotundo fracaso.

Cuando algo así te suceda debes estar consciente y mentalizarte a que tienes que poner mucha más atención la próxima vez que lo intentes, por nada del mundo debes pensar en desistir o rendirte, tienes que seguir intentando las veces que sea necesario y cuidar cada vez más el procedimiento que realices para que el resultado no sea el mismo.

Entender que con cada nuevo intento tus posibilidades de obtener lo que quieres mejorarán increíblemente, hasta el momento de conseguir con éxito lo que buscas.

Es muy complicado el solo hecho de pensar que todo terrenal en este planeta es altamente sensible, sobre todo con algunos aspectos del día a día, uno de los más vulnerables y delicados es el bolsillo. Esta parte es incluso motivación de una de mis frases de uso común y cotidiano más favorita, el poder decir que hay seres humanos que les puedes pegar en muchas partes del cuerpo y no reflejan la más mínima muestra de dolor, sin embargo, pégales en el bolsillo y las consecuencias catastróficas serán demostradas de inmediato.

Es la naturaleza de las mujeres y hombres de este mundo tener un patrón de reacción altamente cuestionable, en la gran mayoría de los casos muy negativo ante este tipo de situaciones y la verdad es imposible decir que no es válido. Se trata de la respuesta lógica natural inmediata que por años hemos practicado, por lo cual es difícil cambiarla de un momento a otro, pero les aseguro que sí es posible desincorporarla de forma exitosa de nuestra manera de ser, claro, si tienes las ganas de hacer o lograr algo diferente.

Después de seguir una serie de sencillos consejos, los resultados al final de la jornada valdrán la pena por cada momento de sufrimiento y sacrificio invertido.

Un excelente comienzo es entender, de manera consciente, que la forma de pensar y reaccionar que hemos adoptado como correcta desde hace mucho tiempo, no es la mejor o por lo menos la más conveniente para nuestro bienestar.

Se nos ha enseñado tan perfectamente de forma inconsciente a siempre tener miedo a prácticamente todo, en especial a lo desconocido, al grado que resulta muy complicado querer innovar por cuenta propia, nos acostumbramos a cuidar en todo momento seguir los protocolos de vida impuestos, obedecer instrucciones de alguien más y obviamente, todo esto siempre a conveniencia de unos cuantos.

Una vez debidamente comprendido el punto anterior, podemos tratar de empezar a cambiar nuestra manera de reaccionar ante una experiencia negativa, en esencia, si el tema principal como consecuencia de una innovación fue la perdida de dinero por intentar hacer algo diferente para sumar un poco más de efectivo a nuestra vida diaria, tenemos que entender que todo sacrificio hecho con la intención de mejorar con independencia del resultado es bueno para nuestro bienestar.

Cuando en esta constante búsqueda por un mejor bienestar obtienes resultados negativos, lo primero que se tiene que hacer es usar la lógica para seguir de pie y no rendirte en querer mejorar; estos pueden ir desde cosas simples y básicas, hasta detalles más complicados y complejos, por citar un ejemplo: si quieres tener una bonita cosecha de siembra de cualquier tipo de fruto, puedes estar seguro que lo primero que tendrás que hacer es invertir dinero y lo segundo es tiempo, mucho o poco, no puedo precisar la cantidad de cada uno, pero para todo procedimiento de mejoría se tiene que echar mano de ambos.

En este caso en particular podemos empezar por el tiempo que se invertirá en buscar el terreno donde se hará la siembra, si es grande o pequeño ya dependerá de las ganas que le ponga cada uno en hacer esta encomienda. Después, cuando se tiene el terreno localizado, podemos continuar con el gasto o inversión que tendrá que hacer, pero ahora en efectivo, para poder pagar la renta o la compra y así empezar las gestiones y trámites necesarios de tiempo y dinero para continuar con el procedimiento de mejoría.

Hay que estar muy conscientes de que todos los avances que se consigan van directamente ligados a los esfuerzos, ganas, sacrificios, constancia y perseverancia que se le ponga a cada uno de sus proyectos para consagrarlos con éxito y, aun así, créanme, el resultado puede variar debido a factores externos y en algunos casos, fuera de nuestro alcance.

Tercero, tendrán que gastar otro tanto de efectivo y de tiempo en adecuar la tierra según el tipo de plantación que se vayan a poner.

Cuarto, seguirán gastando primero dinero en comprar las plantas que piensan sembrar y después tiempo en esperar el momento justo para cosechar los frutos que se quieren.

Quinto, después habrá que seguir con los gastos, pues hay que pagar a una o varias personas, según sea el caso, para que ayuden a cuidar el crecimiento de la siembra y así obtener una buena cosecha.

Sexto, costará más dinero y tiempo poder recolectar todos los frutos de la siembra.

La serie de pasos, procedimientos y detalles contados anteriormente a grandes rasgos y de manera muy general, en estos puntos, ha sido con la idea de que entiendan el contexto del mensaje.

Prácticamente para toda gestión de mejoría se requiere de un proceso de gastos ya sea en tiempo, dinero o ambos, así como seguir una serie de pasos que se tienen que vivir y sufrir en carne propia para poder llegar al final del camino y obtener las recompensas de este.

Una vez que se llega hasta la orilla, te encuentras con la primera sorpresa: saber que nada es seguro, porque, quiero aclararles, lo único que esta vida nos ofrece a cada uno de forma cierta y segura es la muerte, todo lo demás es un completo misterio, un verdadero volado con un resultado que puede quedar en el aire.

Sin negar que ciertamente para bien o para mal la suerte y el azar también juegan su parte, en esencia los resultados, buenos o malos, siempre dependen del trabajo, dedicación, persistencia, constancia, conocimiento y experiencia que se implemente a cada acción al momento de su ejecución.

En resumen, intervienen muchísimos factores para poder obtener un logro deseado. Sin embargo, si las cosas se hacen bien hechas y aun así no se obtiene el resultado esperado al primer intento, incluso, tampoco al segundo o tercero, pueden tener la certeza de que cuando lo logren, el beneficio será tanto y tan bondadoso que justificará y repondrá con creces cada una de todas las malas experiencias vividas.

En muchas ocasiones basta un acierto para borrar muchos errores. Esta parte es fundamental entenderla y creo que mucha gente no la entiende y, además, pasa la mayoría de su existencia humana sin comprenderla; es la principal responsable de que muchos se rindan en el camino del intento, pues muy pocos son capaces de superar una derrota, tienen que entender que el desistir hace la gran diferencia entre un resultado mejor y seguir como estamos.

Es muy sano analizar y comprender esta explicación que te contare a continuación, te puede ayudar mucho más de lo que te imaginas a seguir adelante.

Una vez que te arriesgas a innovar, con todas las ganas del mundo, para mejorar tu calidad de vida, únicamente tienes tres posibles opciones de resultados; el primero y el mejor de todos, es que te vaya muy bien y todo salga como lo pensaste; el segundo, que no deja de ser bueno, aunque tal vez no sea lo que esperabas, pero como lo veas, es digerible, favorable y positivo, debes entender que mientras obtengas dividendos a favor siempre será muy bueno, el beneficio es tanto que basta probarlo una sola vez para volverte adicto a él y seguir más motivado que nunca en su búsqueda, y la tercera y última opción, es que los resultados recabados no sean los esperados, por el contrario, sean malos; que no sea nada de lo que esperabas obtener, esto es, sin duda, la peor de todas las posibles opciones.

Del párrafo anterior podemos rescatar que una vez que se logra modificar nuestra manera de pensar para hacer o iniciar algo nuevo, solo tenemos el 33.33 % de posibilidades de que las cosas o planes no salgan de manera positiva favorable o planeada, pensando de esta forma, es claro que llevamos todas las de ganar.

Las probabilidades son cuentas y los números son precisos no tienen error y en esta situación nos dan una clara ventaja del dos a uno que, para muchos de los casos, resulta suficiente para darnos fuerza y motivación para ese pequeño empujoncito que muchas veces es lo único que nos hace falta para empezar, con esto, hacer la diferencia en nuestra existencia.

Creo que si al iniciar cualquier proyecto nuevo, si logras obtener como resultado la primera o la segunda opción planteada en los párrafos anteriores, eres un ser humano bendecido y privilegiado, pues ya saliste ganando y mucho más de lo que te imaginas. En este caso al obtener estos resultados, no hay nada más que agregar, únicamente decirte por mero protocolo que cada vez lo sigas haciendo con muchas más ganas para que los resultados vayan mejorando.

Por el contrario, en esa constante lucha de

querer mejorar y en el caso de que el resultado obtenido sea malo quiero enumerarte unos cuantos consejos que debes de escuchar meditar y seguir pues estimo te serán de mucha ayuda para no desistir de las ganas de buscar una mejor calidad de vida; reitero, nunca debes de pensar un solo instante en desistir o rendirte, al contrario, intentarlo las veces que sea necesario hasta conseguir el éxito que buscas, comencemos con los consejos, estos nunca están de más.

Antes que nada, es importante generar consciencia sobre lo que se está haciendo, ya que te estás arriesgando al aventurarte en un terreno completamente diferente o nuevo con la finalidad de conseguir una mejoría, por lo tanto, se debe mantener siempre viva la siguiente frase "dichoso el peso que se pierde arriesgando a ganar otro". Por difícil que parezca, es una obligación de todo ser humano interesado y comprometido realmente con querer mejorar, el analizar y comprender el significado de estas palabras.

Una vez que la entiendes, es muy importante adoptarla como propia por el resto de nuestra vida: nunca podremos aspirar a algo mejor sin afrontar riesgos.

He comentado a lo largo de estas líneas que no hay nada seguro en esta vida, por lo tanto, todo emprendimiento lleva implícito un alto porcentaje de riesgo, en el supuesto de que inicies un negocio y no obtengas el resultado favorable que esperas, sino, por el contrario, recibas un rotundo fracaso, es lógico pensar que estás perdiendo tiempo y también dinero, pero insisto, no por eso debes rendirte; en ese momento debes seguir adelante y cada vez con muchas más ganas y fuerzas, nunca olvides que el resultado final es buscar mejorar mucho o poco, la cantidad realmente no interesa, lo importante es seguir en constante avance y movimiento hasta llegar a la meta o al resultado deseado.

Entender que todo en este mundo gira en torno al poder que genera el dinero y en esta lucha si no logras un resultado favorable, tendrás dos opciones muy distintas para reaccionar ante tales circunstancias:

La primera y más común, es pasar el resto de tus días quejándote y lamentándote de la pérdida de dinero y tiempo que resultó, incluso, prometiéndote que jamás en la vida volverás a intentar algo así de arriesgado.

Tienes que estar consciente que haciendo esto tomando esta decisión truncas al momento y por completo toda posibilidad de poder mejorar, dejando todo en el completo olvido.

La segunda, se basa completamente en lo opuesto. Puedes optar por aprender a programar tu mente para tratar de sobrellevar esta derrota de la mejor manera, en especial, la pérdida de tiempo y dinero. Será necesario darle vuelta a la página lo antes posible a esta mala experiencia, aprender de cada error cometido para dejar todo en el pasado y enfocar tus pensamientos hacia otro nuevo objetivo que te ayude a recuperar en todos los sentidos, tanto en el aspecto emocional como en el económico.

Programar lo antes posible tu mente para que te ayude a comprender toda esta lógica que te explico y hasta en este supuesto de que las cosas no salieron como esperabas y que para colmo de males perdiste tiempo y dinero, entender que por más que la vida se empeñe en poner todo en tu contra, estés preparado, consciente y mentalizado de que no son causas suficientes para dejar de ser optimista y seguir adelante, que es preciso buscar inmediatamente nuevos objetivos viables y rentables, no importa que sean pequeños o grandes, lo relevante es que te ayuden en la proporción que sea a mejorar.

Te aseguro que por muy mal que se vea el panorama, no todo es tan malo como pudiera parecer. En el desarrollo del proceso, con independencia de los resultados obtenidos, te garantizo que te quedara un claro aprendizaje y más de una excelente experiencia como lección de vida; habrás aprendido, por lo menos, qué cosas son las que en acciones futuras no debes hacer y cuales sí.

A todo este proceso se le llama "experiencia de

aprendizaje" y al final del día, la gente que triunfa es la que más acumula conocimientos de cada uno de sus errores.

Por difícil que parezca y aunque lo dudes, todo en esta vida se reduce al significado de estas simples palabras: práctica, experiencia, acierto y error.

Es verdad que, en el ejemplo anterior, como en todo donde las cosas salen mal, se pierde tiempo y dinero y se pudiera pensar que todo es malo, pero puedes apostar que, aunque se pierda, se gana mucho más de lo que se imagina; pues se obtiene una ganancia en conocimientos, experiencia y aprendizaje que en el momento menos esperado comenzará a rendir frutos favorables.

Con esta mentalidad y este tipo de pensamientos son los que tienes que atacar tu mente constantemente hasta saturarla y educarla para que, con independencia del resultado obtenido, tu actitud siempre sea optimista en todo momento.

En este camino es muy importante reunir las herramientas físicas y mentales necesarias para seguir adelante, cada derrota debe ser afrontada con más ganas y nunca pensar, ni de broma, en desistir de seguir luchando. Recuerda que todo esto se hace con la intención de conseguir una mejor calidad de vida, donde el único beneficiado eres tú.

Por nada del mundo considerar la posibilidad de rendirte, pues al hacerlo, lo único que vas a conseguir es estar completamente seguro de que el dinero y tiempo que perdiste en ese mal negocio jamás lo volverás a ver.

Me gustaría contarte un ejemplo práctico para que comprendas un poco mejor todo lo que he tratado de explicarte hasta ahora. Es lógico pensar que cuando inicias un nuevo negocio, lo haces con toda la intención de triunfar. Es, incluso, bastante sano poner todas las metas e ilusiones a lo grande, al máximo, imaginar que desde el primer momento que abres las puertas al público, comenzaras a ganar dinero a manos llenas.

Lamento decepcionarte, pero creo que es bastante importante, y, sobre todo, justo, que sepas que eso sucede en muy pocos casos en la vida real. Es verdaderamente excepcional obtener un resultado así de extraordinario, resulta todo un milagro que desde el primer instante en que abren las puertas de un nuevo negocio, éste empiece a rendir frutos económicos favorables y sustanciosos.

De hecho, existe un alto porcentaje de probabilidades de que, durante los primeros meses, después de inaugurar un negocio y con total independencia de la actividad o el giro al que se dedique, éste lejos de ganar pierda dinero. Me atrevería a decir que tiene más posibilidades que cuando comiences operaciones en tu nuevo emprendimiento lo hagas perdiendo efectivo en lugar de hacerlo ganando.

Esto no quiere decir que el negocio que empezaste no vaya a ser bueno, mucho menos imaginar que no tendrá excelentes resultados en el futuro y que todo el tiempo tengas que estar perdiendo dinero, sino que, inexplicablemente, la mayoría de los emprendimientos así comienzan. De hecho, todo proceso de mejoría en esta vida por lo general tiene que atravesar el mismo principio de iniciación.

Esta regla es tan general, que hasta en el caso de negocios o actividades mucho más seguras y rentables, puedes enterarte de que en su gran mayoría también comenzaron haciendo inversiones de efectivo (por llamarlo de una manera diplomática y no decir en seco y con términos coloquiales "perdiendo dinero"), para después invertir mucho tiempo, hasta el momento que el negocio se vuelve sustentable y después rentable que es cuando puedes empezar a contemplar la idea de comenzar a ganar dinero.

Claro que siempre existirá la posibilidad donde el negocio únicamente te hubiera llevado a estar perdiendo dinero mientras estuviera operando. Hasta el día de hoy no hay una garantía, proceso, manual, instructivo seguro o efectivo, por lo menos conocido, que esto no te pueda suceder, de hecho, cualquier ser humano está expuesto a este tipo de resultados.

Puedo platicarte, por citar solo un ejemplo, de las siembras o cosechas de frutas o verduras que en los pueblos o pequeñas ciudades mucha gente pensaría que son actividades un poco más seguras o rentables. Sin embargo, si analizas a fondo su sistema de operación y funcionamiento, te darás cuenta de que se repite esta teoría que te acabo de explicar en cuanto a la inversión y la pérdida de tiempo y dinero.

Basta hacer un poco de memoria para recordar el ejemplo contado en líneas pasadas, cómo te lo comenté, para poder realizar con éxito una siembra, primero tienes que invertir dinero en una serie de pasos y procedimientos que van desde rentar un terreno para poder sembrar, después acomodar y acondicionar la tierra que esté lista y en condiciones óptimas para poner la planta y por si no fuera suficiente, tienes que seguir sacando dinero de tu bolsa en esta ocasión para comprar las plantas o en su caso las semillas que quieras cultivar.

Aún después, por más increíble que parezca, siguen los egresos que se usarán de ahora en adelante para estar cuidando el crecimiento de la cosecha mediante la aplicación de fertilizantes y fumigaciones, indispensables para terminar con las plagas.

No hay que olvidar que para cuando ya cumpliste con todo este proceso de pagos y gastos, habrán pasado por lo menos un par de meses, en los que te has dedicado únicamente a sacar dinero de la bolsa para cubrir egresos, todo esto con la intención de poder llegar al final de la jornada y así estar en la posibilidad de poder ganar un poco o un mucho más de dinero.

Justo cuando piensas que la cosa ya termina, te das cuenta de que sigues equivocado, porque todavía falta que inviertas más tiempo y efectivo, esta vez para contratar gente que te ayude a cosechar.

Hasta después de haber gastado el dinero suficiente e invertido el tiempo necesario, es entonces cuando comenzarás a disfrutar de los frutos económicos del trabajo, tiempo y efectivo que invertiste en esta actividad.

Este ejemplo contado es en la cuestión agrícola, pero se puede aplicar en el ramo industrial, comercial, laboral, etcétera; puedes estar seguro de que pasa exactamente lo mismo en casi todos los negocios. Los procesos de mejoría económica o aspiración a una mejor calidad de vida tienen el mismo principio básico de inversión en cuanto al trabajo, tiempo y dinero.

¿Qué te hace pensar que sería diferente en otro sector? De hecho, pienso que, si hubiera algún trabajo u actividad que fuera viable, incluso un poco más segura, ni siquiera hablar de algo al cien por ciento de efectividad, en cuanto al retorno rápido y efectivo del dinero, suponer de alguna actividad que requiriera un mínimo esfuerzo de inversión en cuanto al tiempo y dinero, puedes apostar con los ojos cerrados que todo mundo lo haríamos sin dudarlo.

Pero, es más que obvio que hasta el día de hoy no existe. Por ello es tan importante estar consciente de la realidad que se vive y cuando emprendas un negocio o actividad nueva, deberás luchar y esforzarte al máximo por no rendirte al primer revés que la vida te dé.

Se que todo esto que te platico no es tan fácil, por lo menos como se escucha, pero puedes estar convencido de que imposible tampoco es y sobre todo que el resultado positivo siempre valdrá la pena.

Por complicado y difícil que parezca todo esto que te acabo de contar, cuando lo entiendas y comiences a controlar en especial que te enseñes a manejar y canalizar tus pensamientos de manera positiva, te darás cuenta que en automático comenzarás a obtener mejores resultados en cualquier actividad que emprendas.

Escucha estos humildes consejos con atención y tu vida diaria tendrá una notoria mejoría en todos los sentidos.

Además, te recuerdo que nada en esta vida

es fácil, pero tampoco hay imposibles e insisto que sólo los que no comienzan a buscar hacer realidad sus ideas, planes, metas y sueños, son los que nunca terminan.

Todos aquellos que empiezan cualquier actividad con tiempo, dedicación, constancia, trabajo, esfuerzo, persistencia y empeño suficiente, lograrán cambios sustanciales en su vida y hasta en el supuesto de que lo hicieran despacio, rápido, temprano u tarde, en cualquiera de los casos, tienen muchas más probabilidades que algún día terminen y con ello, obtengan el resultado deseado que, de antemano, te aseguro, vale la pena con creces por cada segundo de esfuerzo realizado.

3.- Diferentes

Es interesante recordar un momento en específico de mi existencia, por la trascendencia que marcó ese instante en mi vida y pienso que puede ser de ayuda como ejemplo. Un ser querido me hizo un comentario que trazó un antes y un después en mi manera de pensar.

Recuerdo que la ocasión que me lo dijo fue con tono de reclamo, mejor dicho, fue para mí como un regaño, con independencia de la intención con que haya sido realmente, pueden estar seguros que jamás olvidaré esas palabras y, tal cual me lo compartieron, letras de más o menos, el mensaje decía: "Mario, entiende que no todo el mundo piensa como tú lo haces o como tú quisieras que lo hicieran".

Continuó diciendo: "cada cabeza es un mundo, por lo tanto, tienen una infinidad de maneras de pensar muy diferentes a las tuyas, incluso entre ellos mismos piensan muy distinto uno de otro, debes de entender eso para que no estés haciendo tantos corajes". Después de escuchar y meditar por unos segundos sobre los comentarios recibidos, me quedé completamente callado, tratando de encontrar respuestas a las muchas interrogantes que se me vinieron a la mente. En aquel instante fue claro que debía entender esas palabras para poder avanzar.

Recuerdo que la mente me trabajaba a mil por hora, no podía evitar tener muchos y distintos pensamientos, en especial, de forma inconsciente pues hacía razonamientos de manera lógica que se contraponían a mi creencia e ideología.

En el fondo me era inevitable hacer conjeturas, concluía que sus palabras tenían mucha razón, era imposible negarlo. Es muy cierto que cada persona piensa y actúa de manera distinta una de otra, sin embargo, algo en mí interior me decía que también era verdad que todos teníamos los mismos sueños e ilusiones en cuanto a muchas cosas que la gran mayoría deseamos.

Comencé a analizar con cuidado el tema, a realizar unos cuantos estudios y razonamientos para disipar todas mis dudas.

Empecé haciendo encuestas a discreción y al azar a muchas personas con características completamente distintas unas de otras en todos los sentidos. Consideré una gran variedad de opciones que iban desde lo simple hasta lo complejo: abarcando todo desde creencias, gustos, tendencias, cultura, conocimientos, posición económica, género, raza, costumbres, ideas, etcétera.

La verdad, traté que fueran muy variadas para obtener una perspectiva mucho mayor y lo más apegada a la realidad que vivimos.

Después de realizar a cada una de estas personas entrevistadas una serie de preguntas y analizar a fondo sus respuestas, pude llegar a la conclusión de que increíblemente, de una forma inexplicable, es cierto que cada persona tiene una manera de pensar por completo diferente a cualquier otra. A tal grado que el vecino que ha vivido toda la vida a un lado de tu casa puede pensar completamente al revés que tú.

El tema se vuelve más complicado al enterarme que con independencia de que dos o más personas puedan tener lazos familiares directos, incluso un estrecho vínculo de amistad que hiciera suponer que compartirían una misma creencia, gusto o ideología o por lo menos parecida, al entrar en un análisis a fondo en cada uno de ellos en cuanto a su forma de actuar, pensar y responder, te puedes enterar que sus maneras de pensar, inexplicablemente, son muy diferentes unas de otras.

Me resultaba sorprendente y enriquecedor, escuchar los pensamientos, sueños, ilusiones, metas y prioridades que tiene cada ser humano, al igual que lo era el ver las diferentes reacciones en cada una de ellas al momento de responder a las mismas preguntas.

Me atrevo a confirmar que más del sesenta por ciento de las respuestas obtenidas de las distintas personas encuestadas estaban conformadas por apreciaciones completamente diferentes. Pude concluir que, de cierta manera, cada una se ve altamente influenciada (claro está que a conveniencia) por las tendencias que la moda imponga en ese momento, el gran fenómeno de la mercadotecnia actual llevado a cabo por los medios y canales de comunicación, en especial los digitales.

No sé si para bien o para mal, pero en la actualidad las redes sociales marcan la pauta de la tendencia, incluso de lo que se tiene que hacer en la sociedad, en ocasiones por caminos muy diferentes, pues tienen perfectamente elaborada una estrategia para cada sector de la humanidad de acorde al gusto, criterio y apreciación de cada quien.

Esta parte creo que la entendí bastante bien, me quedó lo suficientemente claro: cada cabeza es un mundo, por ende, pensamos distinto, en ocasiones de manera completamente contraria unos de otros.

Este ejercicio también me hizo comprender que a pesar de que existen una infinidad de respuestas diferentes a una misma interrogante, en conclusión, al final del tema, todos compartimos el mismo objetivo: buscar o tener un bienestar común.

Es muy cierto que cada persona piensa y actúa distinto, pero en el fondo la gran mayoría, por no decir que todos, quieren obtener los mismos resultados, los cuales podemos resumir en unas cuantas palabras: buscan una mejor calidad de vida, salud y estabilidad en todos los sentidos tanto emocional como económica; de una manera muy genérica, prácticamente todos añoran la felicidad y, sobre todo, tener más dinero del que poseen, no importa la cantidad, lo demás carece de relevancia alguna; piensan que ocupan más efectivo justificando su lamentable sentir diciendo que lo necesitan, que lo que tienen o ganan no les ajusta, incluso ponderan con mayor prioridad el querer más dinero antes que la salud.

Me parecía increíble todo lo que oía, mientras más respuestas obtenía a todas mis dudas, mayor era mi incredulidad e incertidumbre ante el sentir de lo que escuchaba.

En esta etapa de la vida ya había comprendido nuestras diferencias en cuanto a pensamientos y acciones, pero, por más que me esforzaba no podía entender por qué cada uno razonaba diferente, cuando en el fondo la gran mayoría tiene las mismas pretensiones, necesidades, intenciones, incluso ilusiones, prioridades, planes y metas.

Me resultaba más lógico imaginar o suponer

que si en tus pensamientos está el querer más dinero en tu vida por encima de todo—hablo del efectivo porque, inexplicablemente, es lo que la gran mayoría de las personas más quiere en la actualidad—, y hago hincapié en que incluso lo desean más que la salud.

No sé si en el fondo no se dan cuenta de lo que piden o dicen es hasta el momento en que los cuestionas, repreguntando: "¿de verdad prefieres tener más dinero que salud?" Cuando les replanteas la situación de forma directa y de manera seria, es que algunos se retractan y lo dudan, pero en general, la mayor parte del tiempo casi todo el mundo pondera poder tener más dinero en su poder antes que cualquier otra cosa.

Parecía algo sencillo de comprender, todos piensan diferente, pero de manera general la mayor parte de los seres humanos quiere lo mismo: más dinero, salud y felicidad; palabras más, comentarios menos, pero en conclusión y en ese orden es lo que la mayoría busca en este planeta.

Creía haber descubierto uno de los secretos más grandes de los tiempos actuales y mejor aún pensaba que podía tener la cura para la humanidad en este tema, pues, a mi manera de ver las cosas, tenía la respuesta para uno de los principales problemas de la actual sociedad: a mi criterio personal estimaba que podía ayudar a conseguir dinero, salud y felicidad.

Se me hacía algo tan increíble, sentía una sensación muy especial dentro de mi ser; era tanta mi emoción, que no resistía las ganas de contarles a todos, lo antes posible, que creía tener la solución a sus problemas, de verdad me resultaba muy difícil quedarme callado.

A la primera oportunidad que tenía, le decía a todo aquel que podía, y cito de forma literal: "Sufres porque quieres, creo que, de una manera, por demás sencilla, puedes tener todo lo que deseas. Después de analizar todas tus respuestas puedo concluir que, con dinero, felicidad y salud, te sentirás una mejor persona".

Ante tan sencilla réplica, cada uno de los encuestados se quedaba callado por segundos, y al momento de hablar para responderme en casi todos los casos fue un "sí, eso es obvio". Listo, pensaba que había descubierto el hilo negro que llevaría a la completa plenitud a la gran mayoría de los mortales de este planeta.

Sólo que había un pequeño problema, mejor dicho, un gran impedimento.

Ya sabía lo que la gran mayoría de los seres humanos quería y necesitaba, o por lo menos eso pensaban, que teniendo más dinero, salud y felicidad se sentirían más plenos en todos los sentidos.

Está por demás decir que pensaba que había encontrado la respuesta de forma sencilla, la duda era cómo podía hacer para trasmitir de manera correcta el procedimiento que se tendría que seguir para obtener de manera satisfactoria cada uno de esos componentes.

Después de tener muy claro cuál era el problema y, en especial, saber que contaba con la respuesta, se me venía a la mente una pregunta obligada para cada uno de las personas entrevistadas. Era inevitable lanzar esta interrogante, les decía: "Por favor, analiza muy bien la pregunta antes de responderla y piense con absoluta calma la que estime la respuesta más conveniente.

Imagina a una persona que conozcas, que forme parte de tu entorno, la cual sepas que le va bien en todos los sentidos, tanto emocional, laboral, económico y con una excelente salud. Detente unos segundos o minutos el tiempo que sea necesario a pensar con calma para que tengas muy clara la respuesta".

De manera por demás coincidente, en todas las ocasiones recibía un nombre, una verdadera variedad de personas con cualidades completamente distintas en todos los sentidos y, en especial, el tipo de actividad que hacía o la manera en la que se ganaba la vida era el factor que más cambiaba.

Sin embargo, existía un mismo patrón para

cada nombre invocado, una notoria estabilidad, principalmente económica. Por más que se les recalcó en la pregunta que pensaran en alguien que tuviera felicidad y salud, todo el mundo se enfocó de lleno en lo económico. Definitivamente, desde aquí empieza el más grande de todos nuestros problemas, la forma en la que creemos entender lo que queremos o necesitamos en la vida, esta errónea programación en nuestra manera de pensar es lo primero que debemos cambiar si queremos mejorar.

Ante las respuestas obtenidas, podía deducir de manera simple que la base de todo en esta vida, por lo menos en la creencia de muchas personas, es lo material, todo aquello que puede comprar el dinero. La gran mayoría piensa que si tienes efectivo puedes comprar felicidad y que, de igual manera, al contar con dinero puedes disfrutar de más salud.

En resumen, puedo decirte que, todos o por lo menos la mayor parte de los seres humanos de este planeta, basan toda su estructura existencial en el hecho de tener o poseer más dinero, ¡qué ironía!

No sé si entre más me adentraba en el tema se ponía cada vez más fácil o, por el contrario, todo se volvía más complicado y confuso, pero reconozco que sentía una sensación increíble en todo mi ser por aportar mi grano de arena para tratar de ayudar a la mayor cantidad de personas posibles, pues consideraba tener la solución al problema que vuelve loco a la gran mayoría de los seres humanos de este planeta.

Creo que ahora lo más complicado es poder trasmitir de manera correcta la solución, tarde se me hacía comenzar y se llegó el momento. Empecé a platicar con todos los interesados, uno por uno, diciéndoles lo que tenían que hacer, explicándoles paso a paso con claros ejemplos y detalladas experiencias que la solución a su problema era demasiado fácil.

Ya para ese momento, como les había dicho, cada uno me había proporcionado un nombre de alguien que, al menos para ellos, se trataba de un ser humano exitoso en toda la extensión de la palabra. Lo que había logrado con esto es que tuvieran un punto de partida, otro de comparación y en especial uno de meta, la idea era distinguir claramente entre dónde están parados y a dónde tienen que llegar.

Pues está claro que para poder cumplir con éxito esta encomienda lo primero que se necesita, una de las cosas más importantes que se debe tener en cuenta antes de iniciar algo, es saber a dónde quieres llegar, porque cuando careces de una meta o en este caso, de un plan bien estructurado, es muy difícil que te puedas dar cuenta, para empezar, saber si estás haciendo las cosas de forma correcta, al poder identificar si realmente estás avanzando o no, porque no se descarta la posibilidad que lejos de que estés aventajando puedas estar retrocediendo, con cada nueva encomienda que inicies.

Según mi forma de pensar, me resultaba muy fácil poder ayudar a conseguir una mejor calidad de vida a todos los entrevistados. Les explicaba que sólo tenían que seguir el ejemplo de esa persona exitosa sobre la cual me habían comentado, basta imitar sus pasos para que ellos también pudieran alcanzar el éxito. En el peor de los escenarios, esto podría ser el inicio de un proceso de cambio y crecimiento en su beneficio.

Pero de manera inexplicable y sorprendente, todavía no terminaba de decir estas palabras cuando de inmediato todos se molestaban al escucharlas.

Incluso me interrumpían con fuertes negaciones al momento, en la mayoría de los casos respondían con un simple: "no, pues qué fácil es decirlo".

Al instante recibía comentarios haciendo alarde que el sólo hecho de pensarlo para muchos ya era un verdadero problema. Resulta increíble ver la negatividad que guarda la gran mayoría de los seres humanos en su interior en cuanto a este tema, no están dispuestos a escuchar sugerencias de cosas tan simples y básicas, entender que no siempre algo bueno tiene que ser imposible poderlo conseguir.

En ocasiones pequeños ajustes bastan para lograr un cambio que nos proporcione bienestar, como en este caso el solo hecho de imitar a todo aquel mortal que tiene éxito en su vida para ver si a ellos les puede ayudar en algo los comportamientos adoptados por estas personas que de cierta forma han conseguido una mejor calidad de vida, dicho sea de paso que la gran mayoría de todos estos casos de personas exitosas en muchas ocasiones lo han logrado gracias a los mismos principios hablando de sus costumbres, rutinas, hábitos y actividades.

Entonces, no comprendo, ¿cuál es el coraje que les da si les proponen este tipo de consejos que al final son para su bien? Solo es cuestión de analizar su comportamiento en cuanto a sus costumbres, rutinas, hábitos, tiempos y actividades, la idea es tener un punto de comparación y con esto empezar realizando pequeños ajustes en su existencia para ver si les pueden ayudar.

De verdad me hacen pensar que ciertamente quieren mejorar, pero lo quieren hacer de forma mágica así nada más, sin sacrificar o arriesgar absolutamente nada, que por obra divida, de la noche a la mañana siguiente su vida cambie drásticamente para bien. Pueden estar completamente seguros de que bajo estos esquemas o principios es muy difícil poder aspirar a tener una mejor calidad de vida.

No existe mejor método de aprendizaje que la experiencia misma. El paso de los años me ha enseñado a ser muy paciente y sobre todo prudente en muchas cosas, una de ellas es aprender a escuchar a los demás. Cuando comenzaban los reclamos hacia mi persona por la opción de ayuda propuesta, prefería quedarme callado, literalmente dejaba que se desahogaran hasta el grado de quedarse sin aliento de tantas cosas y en especial, por lo rápido y agitado que me las decían, por cierto, todos se expresaban de forma muy altanera, grosera y molesta.

Su coraje y frustración era exageradamente notoria, sólo por decir o proponer opciones que a ellos les parecían tontas por completo alejadas de la realidad, el enojo era tal, que me tocaba escuchar palabras hirientes y otras expresiones que a mi criterio resultaban hasta ofensivas, sin sentido y fuera de lugar.

En general, muchos, por no decir que todos, concluían que era muy fácil decirlo, incluso lanzaban al instante réplicas, con preguntas retoricas que cuestionaban si acaso yo podría tener idea de lo difícil y complicado que era poder aplicar o llevar a la práctica esos consejos que les estaba compartiendo.

Después de regalarnos un corto tiempo para respirar con calma, en cuanto se me permitía el uso de la palabra, iniciaba la conversación con una sencilla interrogante: "Pienso que la verdadera duda aquí es si usted alguna vez se ha permitido intentar hacer algo diferente a la rutina que hace todos los días, que, me atrevo a suponer, hasta el día de hoy no le ha funcionado, por lo menos no le ha ayudado a obtener los resultados que busca o quiere.

Me queda claro que, en los procesos de formación, desarrollo, crecimiento y aprendizaje se les ha programado esa manera de pensar, en la que todos esos ejemplos de personas exitosas que disfrutan de una vida decorosa son sueños imposibles de lograr para la gran mayoría.

Por favor, sean muy sinceros con ustedes mismos, no es necesario que nadie más sepa la respuesta, responda únicamente en su interior para que su contestación sea verdadera, en especial sincera, ¿cuántas veces al día intenta hacer algo diferente a lo acostumbrado en su rutina diaria con la intención de mejorar? Puedo asegurar que por cada ocasión que esto sucede, realiza a la par por lo menos diez contrapesos negativos que se interponen inmediatamente a su objetivo, comenzando con la manera de pensar negativa que siempre nos va a llevar la delantera con una clara ventaja".

Vuelvo a recalcar que muchos seres humanos comparten una manera de pensar demasiado extraña y diferente, estamos programados para seguir un patrón de conductas y comportamientos rutinarios y demasiado sencillos. Es cierto, la gran mayoría queremos disfrutar de muchos beneficios sobre todo materiales o económicos, pero también es verdad que no todos aceptan realizar los esfuerzos y sacrificios necesarios para conseguirlos.

Siempre será mucho más fácil decir "no se puede" o "es muy complicado", antes de intentar hacer algo nuevo o diferente, aunque esto sea para nuestro beneficio. Basta con ser muy conscientes de que el principal afectado en todo esto es aquel que sigue sometido bajo estos erróneos protocolos de vida.

Además, nunca hay que olvidar que se nos impone en todo momento un enemigo increíblemente poderoso para limitarnos a cada segundo de nuestra existencia y en todos los sentidos, nuestra mente, al grado que muchas veces logra que nos demos por vencidos o nos rindamos antes de siquiera intentar un cambio.

Para concluir esta parte puedo decir que me sirvió de referencia el comportamiento de prácticamente todos, quienes se molestaban al momento de escuchar mi propuesta para que hicieran algo parecido a lo que hacía la persona exitosa en que habían pensado.

Me expusieron todo un mundo de excusas, una completa negatividad respecto al tema. Es lamentable que no hubiera una sola persona que dijera una frase o palabra de aliento u esperanza que motivara a intentar hacer el mínimo esfuerzo para ver si este consejo podría o no generar resultados positivos en su vida, nadie se daba por lo menos la oportunidad de probarlo o intentarlo, otorgarme el beneficio de la duda.

La excusa preponderante respecto al tema fue: "ah sí, ¡qué fácil decirlo!, y de dónde quiere que saque el dinero para poner un negocio así de grande como el que tiene este o aquel sujeto". Como les comentaba, ya se habían rendido antes de empezar y lo más triste es ver la manera en la que lo hacían sin intentar nada, canalizan de forma errónea cada uno de sus pensamientos, se enfocan nada más en lo material, en el dinero; nos sesgamos tanto en poner atención únicamente en el efectivo, que se nos olvida voltear a examinar todo el contexto, para ver si podemos aprovechar algo, el más mínimo detalle que nos pueda ayudar a iniciar un cambio que marque una diferencia en nuestra existencia, siempre con la intención de mejorar.

Creo que con esa manera de pensar, cualquier ser humano se sentiría devastado y hasta ofendido si se le diera un consejo de este tipo. Tal vez me faltó ser un poco más explícito, dar más detalles para entender mejor la idea que pretendo compartir. Cuando les dije que imaginaran a una persona exitosa, para tener un punto de referencia, no necesariamente era con la única intención que pensaran en la cantidad de dinero que ese ser humano poseía, de hecho, siendo muy honesto, tal vez de todos los criterios cuestionados lo material o el efectivo es en lo último en que se deberían fijar, por lo menos en teoría.

Sin embargo, por desgracia, esto no sucede en la vida real, sino por el contrario es en lo primero que se fija la gran mayoría de los seres humanos en el dinero que un mortal pueda tener.

Yo sugeriría empezar por observar cualidades más complejas, pero mucho más sustanciales, como sus patrones de conducta y sus hábitos; créanme que efectuar análisis muy sencillos de este tipo de factores le puede cambiar la vida a más de uno, en especial cuando se animan a llevar a la práctica esos patrones y rutinas de conducta de forma correcta.

Se puede empezar por datos muy generales que son hasta de dominio público, como que el mayor número de personas exitosas que habitan en el planeta no se dedican a una sola actividad durante su etapa de crecimiento, por el contrario, tienen toda una completa diversidad de actividades financieras.

Es fácil darse cuenta que la gran mayoría de todos aquellos que se quejan constantemente de la vida se dedican a realizar una sola actividad. Son tan dedicados que se aplican una década tras otra a sólo cumplir con el protocolo de vida impuesto, basado en el principio que has de trabajar durante treinta largos y benditos años en el mismo empleo para tener el derecho a una cantidad de dinero como pago mensual por el concepto de jubilación, por cierto, en su gran mayoría muy cuestionable este tema en cuanto al pago.

Creo que ahí radica la primera gran diferencia y el más grave de todos los errores de los tiempos actuales, al considerar los pequeños montos de efectivo asignados al significado de la palabra jubilación, completamente desproporcionados al considerar el constante crecimiento y aumento económico de prácticamente todo.

Otro dato importante al que debemos de poner mucha atención dentro de lo que hacen las personas exitosas y que, al contrario, no lo implementan todos aquellos incómodos con su calidad de vida, es el tiempo diario que las primeras dedican a buscar cómo generar más ingresos.

Ojo, no me estoy refiriendo a las horas que trabajan porque, de antemano, todos esos minutos que laboras o dedicas al día por un pago créeme no son la mejor opción para nadie, pues ya sabes con precisión cuánto dinero te van a retribuir.

Por otro lado, una persona que goza de una calidad de vida envidiable trata de invertir de la mejor manera cada segundo de su día en las mejores opciones u oportunidades posibles a fin de agregar más ingresos a sus finanzas, bajo el principio de conseguir la mayor cantidad de dinero en el menor tiempo posible.

En conclusión, siempre será mejor laborar por resultados y no por un pago económico fijo de forma semanal, quincenal o mensual.

Para ser más claro, sé que un gran número de personas cuenta con un trabajo actualmente y quien no lo tiene esta en busca de uno que de preferencia sea estable, el cual, al paso de los años, terminaran dejando seguramente por la necesidad del inevitable incremento en la carga económica diaria que la vida por sí sola nos pone a cuestas a cada uno. Pareciera que la intención del sistema es mantener al ser humano siempre sometido y acostumbrado a sobrevivir con lo mínimo.

Esta parte de la existencia humana creo que todos la tenemos muy clara, pero también es cierto que si se tienen ganas y voluntad se pueden lograr muchas cosas buenas. Lo normal en prácticamente cualquier trabajo es que tengas intervalos de tiempos muertos y en la mayoría de veces en gran cantidad, y en todos aquellos que no los incluyen casi siempre el ser humano busca la manera para tenerlos, hacerlos, buscarlos o generarlos.

Lo interesante es que si quieres y te lo propones puedes disponer de algunos tiempos durante tus jornadas laborales diarias para realizar actividades alternas o secundarias que te ayuden a generar un ingreso de efectivo extra y así empezar a buscar una mejor calidad de vida.

¿Cuál es la intención al tratar de conseguir tiempo muerto en tu actual trabajo? Invertirlo inmediatamente y de forma correcta para poder generar más recursos o añadir de cierta manera ingresos económicos extras a nuestras finanzas.

Sé que a muchos lo primero que se les vendrá a la mente es que no se puede, que lo que les falta es precisamente eso, tiempo. Insisto, pretextos y excusas siempre habrá para todos aquellos que realmente no quieran mejorar.

Algunas excusas son tan buenas y convincentes que en muchos casos serán suficientes para ni siquiera intentarlo, con decir que el sólo hecho de oírlas, a más de uno que estamos completamente convencidos de querer intentar hacer cosas nuevas para mejorar, nos ponen a dudar, créanme que es una situación verdaderamente lamentable.

Esto es tan simple y sencillo que la principal

diferencia que existe entre las personas exitosas y la gran mayoría que no lo son, se marca en las ganas que tiene cada uno de hacer las cosas. Yo he vivido y hecho prácticamente de todo en esta vida y, créanme cuando les digo que les aseguro que en todos los trabajos se tiene la oportunidad de recuperar tiempos muertos, ya depende de cada uno si lo quiere hacer o no y en qué cantidad tener, cuando se consiguen continuamos con el segundo paso ver cómo los vas a invertir para realmente tratar de obtener un resultado favorable.

Quiero recalcar que cuando de verdad se tiene la voluntad de hacer las cosas, se pueden lograr —porque cuando no hay disposición, por lo menos en este caso, les aseguro que no engañamos a nadie—, total al final el único que puede resultar beneficiado de hacer las cosas bien es quien las realiza, nadie más. Si no hace nada para mejorar, entonces nadie absolutamente ningún ser humano se preocupará de hacerlo por Usted.

Por más complicado que parezca, les repito que en cualquier trabajo se tiene la oportunidad de recuperar tiempos. Por ejemplo, cuando su servidor trabajaba en oficinas de gobierno, que pienso son de los lugares más complicados para poder conseguir ajustes en las horas de trabajo, por difícil que pueda parecer, negociaba con mi jefe inmediato varias opciones para poder ganar unos cuantos minutos al día.

Propuse quedarme a trabajar las horas de desayuno y de comida para poder salir dos horas antes de la habitual salida y así aprovechar este tiempo haciendo alguna otra actividad. Obvio, para todo esto que te estoy platicando se debe de tener mucha disciplina y sobre todo responsabilidad, entregar resultados palpables a fin de poder obtener beneficios reales.

Es preciso estar consciente, pensar y valorar, decir: "si ya estoy aquí, por lo menos tengo que hacer las cosas bien para conseguir resultados reales al final del día", y al paso del tiempo, alcanzar una mejor posición.

Hay otros trabajos, los que se conocen como "a destajo" o de pago por proyecto; en este tipo de jornadas es mucho más sencillo porque básicamente depende de ti el poder ganar tiempo, tan solo se necesita poner más ganas y empeño para terminar antes tus tareas y disponer de tiempo suficiente para hacer alguna otra actividad.

De los trabajos burocráticos o de oficina creo que es hasta por demás decirles que si en algún lugar se puede aprovechar el tiempo muerto es en este tipo de lugares, en especial si no tienes un supervisor en la espalda vigilándote todo el día o una encomienda que entregar por destajo. Pienso que en esta situación se tiene tiempo suficiente para invertirlo en otras opciones, por ejemplo, Internet, obvio, intentando cosas productivas, no precisamente navegando en las redes sociales o pasando el día viendo videos en YouTube.

De verdad, créanme que en todos los trabajos se puede, la pregunta aquí es si quieres hacerlo o si por lo menos estás dispuesto a intentarlo.

Hay un dato muy importante o alarmante, no sé cómo referirme a él, pero me gustaría que lo tuvieran muy presente con relación al párrafo anterior: debemos estar conscientes de que todos los trabajos que tienen esclavizada a la mayoría de los seres humanos en este planeta comparten un común denominador, un límite preestablecido de una jornada en cuanto al tiempo laborable y, por lo tanto, también un tope en cuanto al ingreso máximo que obtendrás como pago por tus horas trabajadas.

Sobra decir que en muchas ocasiones el ingreso se encuentra descompensado en cuanto al pago del tiempo que invertimos de más, refiriéndome en específico a las horas extras; a éstas, en mi humilde opinión, no se les da un valor justo, mucho menos equitativo en cuanto a la retribución económica establecida, como pago por cada una de ellas. Por lo tanto, valora tu tiempo, preguntate si de verdad lo que quieres es reportar horas extras en un trabajo, por el contrario esos minutos dedicarlos de verdad a mejorar tu existencia.

Mi querido lector, si te encuentras en uno de estos supuestos y cuentas con uno de estos trabajos, es urgente que consideres opciones y alternativas para lograr una correcta estrategia que te ayude a generar más dinero.

Es imposible, al encontrarse en estas condiciones poder compensar, de alguna manera, los altos costos de vida que van al alza en una constante carrera desenfrenada sin obstáculos.

Desafortunadamente, en estas circunstancias los mortales llevamos todas las de perder, por eso es fundamental entender lo valioso que es el tiempo de cada uno y en lugar de laborar horas extras por un pago económico determinado, que en su mayoría de casos es muy poco, es mejor buscar opciones o alternativas que te puedan ayudar a generar más ingresos.

Este tema de las horas de trabajo preestablecidas y las jornadas de tiempos extras son un patrón de conducta que define con claridad a las personas exitosas, en este caso, podemos hablar de las horas que laboran al día. Empecemos por analizar a la mayoría de las personas que se dedica a cumplir sólo con su jornada laboral impuesta, que, en esencia, se rige por ocho horas de trabajo dentro de un lapso de veinticuatro.

Todos aquellos que cumplen sólo con estas

jornadas de horas laborales, tienen la creencia de que con eso ya desempeñan el protocolo de vida establecido. Es cierto, por regla genérica todo ser humano debe trabajar, o por lo menos, la gran mayoría, pero también es verdad que desconozco en qué se basan para decir que ocho horas de trabajo al día son suficientes para lograr una buena calidad de vida, sobre todo en los tiempos actuales, cuando es más que obvio y está por demás comprobado que aquel mortal que lo hace de esta forma carece de lo suficiente para poder disfrutar de una vida decorosa.

Con independencia de lo anterior, de todos aquellos seres humanos que no tienen lo suficiente, hablando de lo económico, me resulta muy complicado entender por qué, lejos de pensar en trabajar más tiempo, llevar a cabo una actividad secundaria o alterna para tratar de tener los ingresos económicos suficientes, no lo hacen y ni siquiera lo intentan, consideran mucho más fácil y cómodo dedicarse nada más a estarse quejando, en lugar de implementar acciones contundentes para mejorar su existencia.

Incluso, hay ocasiones en que bastaría el tiempo que invierten platicando con cada una de las otras personas para externarles su molestia e inconformidad; esas fracciones de minutos invertidas en fomentar el mitote y arguende, si se aplicaran de manera correcta y productiva, tal vez le ayudarían a obtener mejores resultados en su vida diaria contra los que actualmente tiene, por lo menos, estoy convencido de que conseguiría mayores beneficios a los que obtiene con sólo mal invertir tiempo quejándose con terceros y sobre todo, sin hacer nada de provecho.

Otro dato muy interesante es distinguir y entender la mentalidad de unos y otros. Por un lado, vemos que los exitosos tienen una mentalidad demasiado positiva, optimista y guerrera, por el contrario, los que no gozan de una estabilidad económica buena, presumen y hacen alarde en todo momento de su propia negatividad.

Para finalizar puedo concluir, dando un seguimiento a la lógica racional de todo ser humano, podemos resumir que ciertamente cada cabeza es un mundo, todos tenemos maneras de pensar muy distintas, pero, todos coincidimos en la búsqueda de bienestares comunes como individuos y como sociedad: tener dinero, felicidad y mucha salud.

Entonces, con independencia de la manera en que cada uno piensa, podemos suponer que el proceso llevado a cabo será completamente diferente, pero el resultado en la gran mayoría de los casos ha de ser el mismo, ya que nos dirigimos a una misma meta: buscar una calidad de vida económicamente estable, con abundante felicidad y buena salud.

4.- Programación

El significado de la palabra programación hace referencia al proceso utilizado para idear y ordenar las acciones necesarias con la intención de realizar cierto proyecto y preparar ciertas máquinas o aparatos para que empiecen a funcionar en el momento y en la forma deseada.

En el caso que nos ocupa, es muy importante realizar este proceso para reprogramar la mente, cambiar nuestra manera de pensar y así ejecutar las acciones necesarias en el momento y la forma correcta para que nuestros pensamientos nos ayuden a realizar nuestras metas de manera exitosa.

No olvidemos lo que les comenté en párrafos anteriores, desde que llegamos a esta vida, cuando medio empezamos a caminar, no se nos da la más mínima oportunidad para desarrollar plenamente nuestros sentidos básicos, al instante se nos satura con mecanismos y procedimientos de supuestos aprendizajes, ampliamente conocidos por todos nosotros, pero a la vez altamente cuestionables en cuanto a su efectividad.

Es lógico concluir que si después de vivir la

vida que llevamos durante varios años de arduo trabajo no hemos obtenido los resultados que queremos, pudiera deberse en gran parte a los sistemas y métodos de aprendizaje impuestos durante el proceso de desarrollo, formación y crecimiento de cada persona, dicho sea de paso, estos son los mismos para todos.

¿Cómo puede ser posible que se utilicen los mismos sistemas de enseñanza, aprendizaje y educación para una persona que tiene un coeficiente intelectual muy alto, que para un ser humano con uno bajo? Tenemos que entender que este sistema no está bien, porque obviamente a uno de estos dos mortales le están causando un gran daño que será (probablemente) irreversible.

Podemos suponer que la persona con mucha capacidad se frenará frente a un sistema de enseñanza lento, no logrará desarrollar todo su potencial y, por el contrario, una persona no tan hábil se quedará atrás en el momento en que intente adelantar cuando los métodos empleados sean avanzados. ¿Hasta cuándo entenderemos esta parte? O, aún más importante, ¿cuándo haremos algo al respecto?

Resulta obligado considerar la reprogramación de nuestra mente en cuanto a la manera de pensar que hemos adoptado durante tanto tiempo, para cambiar lo antes posible de forma determinante y de fondo, muchas de las cosas que rutinariamente y, en la mayoría de los casos hasta de forma subconsciente, realizamos erróneamente hasta el día de hoy.

Debemos cambiar urgentemente nuestra manera de pensar, por obvias razones, la principal y más fuerte: no has conseguido los resultados que quieres.

En líneas pasadas les platiqué de un ejemplo sencillo, donde la idea básica era comprender el mensaje de lo fácil que resulta manipular la mente de una persona para hacerle pensar algo distinto a lo que quiere, alterando los mecanismos y costumbres de pensamientos adoptados que tenemos preestablecidos desde pequeños, podemos empezar por los más fáciles hasta alcanzar los más complejos y que erróneamente hemos contemplado como correctos durante nuestra formación.

Qué mejor sustento para comprender claramente el mensaje que les quiero compartir, que el ejemplo donde se advierte lo fácil que fue hacer pensar a alguien que estaba parado frente a una playa cuando no era así. Tan simple como se puede escuchar que lo fue: un pequeño trabajo creativo con algo de ingenio, producción y esfuerzo fue suficiente para manipular el pensamiento de una persona y enfocarlo en un sentido en específico.

Creo que lo más difícil para la mayoría de

las personas en la actualidad es querer intentar hacer algo diferente a lo que hacen diariamente, atravesar la barrera de lo desconocido, vencer el miedo, hacer a un lado la constante interrogante, y si me va mal, si quedo peor que como estoy, si no funciona, entonces tienes que partir de lo básico; aplicar la lógica para hacer conjeturas, a través de pensamientos optimistas y positivos que te ayuden a tomar decisiones con la intención de mejorar.

Debes entender que no te puede ir mal, en primera, por la sencilla razón que no vas a dejar de hacer lo que actualmente estés haciendo, y en segunda, mucho menos pensar en valorar hacer a un lado o dejar de cumplir con tus obligaciones, compromisos y responsabilidades, recordemos que sólo vas a cambiar la manera de realizar tus rutinas diarias, con la intención de ahorrar o recuperar tiempo para invertirlo lo antes posible en tu beneficio y con la sana intención de conseguir un avance.

Tienes que mentalizarte para entender que solo vas a perfeccionar tus métodos y procedimientos, no es nada del otro mundo, relativamente es la cosa más sencilla que te puedes imaginar. Por ejemplo, si una de tus tareas diarias es llevar una caja con cosas frágiles en su interior a treinta cuadras de distancia, tal vez, caminando por seguridad, costumbre, obligación, la razón no la sé, de hecho, no trasciende, lo único que vas a cambiar ahora es el método de transporte. Quizás, en lugar de irte a pie, podrías arriesgarte a llevarla de otra manera, pudiera ser en una bici para ahorrar tiempo, mejor aún, si consigues un raite, y si no es el caso, hasta en camión lo puedes hacer.

La idea es perderle el miedo a todos los temores que encierran un posible cambio, como en este ejemplo tan básico, el miedo a que te roben, a que le pase algo a la caja en el traslado, suponiendo que tu jefe piensa que siempre será mejor y más seguro hacerlo a pie. En el momento en que pierdes el miedo a intentar hacer cosas nuevas, te darás cuenta del beneficio tan grande que obtendrás en automático.

Para lograr un resultado así, lo único que en esencia se necesita es reprogramar tu manera de pensar, cambiar tus malos pensamientos por buenos, porque este ejemplo compartido es solo algo sencillo, bastante básico, pero en el momento en que aprendas a manipular tu mente y canalizar los pensamientos de forma correcta te aseguro que lo notarás de inmediato.

Deseo, en verdad, que esa vital herramienta que todos tenemos, lejos que sea tu enemiga se convierta en tu mejor amiga, que te ayude a conseguir lo que quieres, porque un cambio así de simple te sorprenderá. Te darás cuenta entonces de todas las cosas positivas y productivas que puedes lograr en tu vida diaria al momento de hacerlo de forma correcta, constante y consciente.

Imagina el escenario del ejemplo pasado, ¿qué crees que piense el subconsciente de esta persona? Es muy probable que se desarrolle toda una batalla interna con su manera de pensar. Si busca lo mejor para sí, seguro estará tratando en todo momento de evitar los malos pensamientos que lo atacan despiadadamente con cosas como: "no te vayas en bici, se te puede caer la caja y pondrás en riesgo el producto y tu trabajo".

También puedo suponer que esa mentalidad pesimista le dirá: "cómo se te ocurre trasladarte en camión, ¿qué no ves que te pueden robar la mercancía?, sino es que se te cae con las maniobras tan bruscas que de pronto hacen los choferes". Podría seguir con toda una lista interminable de pretextos y excusas que de manera inconsciente se nos han programado a lo largo de todo nuestro crecimiento, de tal suerte que nos predisponemos siempre a recibir lo malo antes que lo bueno. Estos son ejemplos muy básicos e hipotéticos, sólo con la intención de ilustrar un poco mejor, pero seguro te resultan familiares.

Por el contrario, podemos suponer otra versión del mismo caso, donde todavía no te dan la encomienda y tu forma de pensar, en este caso optimista, ya te solucionó el problema: "en cuanto me den la caja me iré corriendo a la parada del camión más cercana, y aparte de los diez pesos que tendría que pagar de mi pasaje para llevar la caja, le daré otros veinte pesos al chofer del autobús para que me haga el favor de entregarla a la persona que la va a recoger, en el momento de que el camión pase por cierto cruce de calles en específico".

¿Alcanzas a entender las diferencias que existen entre una manera de pensar negativa y una positiva? En caso de tener dudas te lo explicaré más a detalle.

Con independencia que todo ser humano tiene la completa libertad de tomar las decisiones que estime más convenientes, siempre existirá la posibilidad de implementar cualquiera de las siguientes dos propuestas: por un lado, ser una persona negativa y seguir viviendo la vida que actualmente tienes, pensando puras cosas malas, pensamientos que lejos de ayudar lo único que hacen es arruinar tu existencia y, no nada más la tuya, de hecho, la de cualquiera, incluyendo la de tus seres queridos.

Por ejemplo, sacando las suposiciones contadas en el párrafo anterior, podemos imaginar un sinfín de finales dramáticos: "Si le doy la caja al chofer tal vez se la roben, a lo mejor se le olvida y no la entrega, quizá no tenga el cuidado suficiente y cuando la levante del piso para sacarla del camión, se le caiga al momento de bajar las escaleras, tal vez si no la acomoda bien se quiebre, etc."

Porque de verdad es posible hacer una lista interminable de conclusiones, pero éstas sólo saturan al instante a nuestra mente y lo único que logran es fomentar los pensamientos negativos, que obviamente no tienen mejor momento para salir a relucir que el instante justo en que intentamos hacer algo nuevo o diferente a lo acostumbrado a nuestras rutinas.

En el fondo sabemos que esa manera de pensar no nos puede ayudar en nada, sólo sirve para limitarnos y mantenernos amarrados de pies y manos ante cualquier progreso que pudiéramos conseguir.

Pero, bueno, para bienestar de todos, tenemos la otra opción, donde con tu mentalidad ahora optimista de aliada podrás emprender muchas cosas nuevas o diferentes. Lo primero que debemos intentar es sacar provecho de cada segundo de tu tiempo, así empezaríamos por mandar la caja con el chofer del primer camión que pase y al contar con una mente amiga de aliada, te aseguro que las ideas fluirán de forma productiva y de manera increíble, y puedes estar seguro que te ayudarán mucho más de lo que te imaginas.

Te darás cuenta al instante de los resultados favorables que comenzaras a obtener ante tus problemas diarios.

Al momento de surgir la primera interrogante negativa, tu nueva mentalidad optimista te contestará al instante: "no se la puede robar porque el chofer tiene un trabajo estable y tengo varios años viéndolo hacer y no se va a quemar o arriesgar por esta sola ocasión, aparte, como todo el mundo, es obvio que también quiere ganar un poco de dinero extra". De cualquier forma, para mayor seguridad anotaré las placas del camión y le pediré al chofer su número de teléfono celular para marcarle en ese momento y así cerciorarme de que sea cierto, con eso estoy seguro de que será más que suficiente para estar tranquilo y concretar con éxito mí tarea.

Además, así no se le puede olvidar entregarla, porque estaré al pendiente durante todo el recorrido, marcándole por el celular al chofer y a la persona que va a recoger la caja, para que no se les vaya a pasar el destino a ninguno de los dos.

Por último, le comentaré a mi amigo que cuando vea el camión pararse se suba rápidamente para que recoja la caja y sea él mismo quien la baje del camión con mucho cuidado, así no hay riesgo de que el chofer la deje caer al momento de bajar las escaleras.

Para mayor tranquilidad sembraré una semilla de estímulo y confianza, un vínculo más estrecho de compromiso con el chófer, implementando una sencilla frase: "amigo, le agradezco demasiado su ayuda, le encargo mucho la caja porque lleva cosas frágiles, que dé favor tenga cuidado y para la siguiente vez que lo vea le prometo que le traigo un refresco". Con esto controlo mi incertidumbre en cuanto al cuidado y atención que le pondrá el chofer del camión al manejo y contenido de la caja, listo problema resuelto.

Una vez que logras desvanecer todas tus dudas, pasemos a los beneficios que obtienes al intentar hacer cambios en las rutinas diarias en cuanto a la manera de pensar y la forma de actuar.

Ya que se vence el miedo a todas las incertidumbres que se presentan al momento de intentar hacer cosas nuevas o diferentes en la rutina, sobre todo, una vez que te animas a hacerlo, te puedo asegurar que comenzarás a cosechar los resultados productivos de tus actos.

Ya lo vimos con el ejemplo anterior, en este caso en específico, por el solo hecho de efectuar esa pequeña variante en las tareas diarias esta persona ha logrado conseguir un poco más de dos horas de tiempo a su favor para empezar a invertirlas en otra actividad de manera sustancial, con la única intención de conseguir más recursos económicos en su beneficio.

Es válido considerar que se gastaron diez pesos más de los que debía por hacer esta nueva maniobra, incluso habrá quien piense y diga que si se hubiera ido caminando se hubiera ahorrado treinta pesos; también es correcto pensarlo así y todavía estoy seguro de que habrá gente más pesimista que dirá que para la siguiente ocasión invertirá más dinero por el refresco que le tiene que invitar al chofer.

Con todos ellos coincido, es hasta cierto punto normal esta manera de pensar en la actualidad, porque tristemente así se nos ha enseñado durante muchísimos años, además, es imposible cambiar nuestra mentalidad de la noche a la mañana y créanme que en lo personal respeto mucho esto, en serio, porque sé el trabajo que cuesta adaptarse a un cambio así de trascendente, más cuando se trata de conseguir una mejoría.

Aclaro, trato de ser lo más optimista y realista posible, pero continuemos haciendo algo de números para entender mejor.

Podemos deducir que se ahorró en total dos horas y media de tiempo, el cual desde ahorita les aclaro que es la cosa más valiosa que pueda tener cualquier ser humano, incluso igual o más que el dinero y, por el contrario, para conseguir ese ahorro solo invirtió la cantidad de treinta pesos.

En mi humilde opinión, no le podría llamar gasto a esa cuantía de efectivo que pagó, pues yo interpreto dicho egreso como una excelente inversión, porque consiguió bastantes minutos a su favor a cambio de una pequeña cantidad de dinero, sobre todo quiero resaltar el punto que en términos coloquiales se puede decir que compro tiempo de su día a muy bajo costo.

Entonces, haciendo una pequeña operación matemática, nos podemos dar por enterados en este supuesto que dos horas y media de tiempo equivalen a ciento cincuenta minutos, los cuales, al dividirlos entre los treinta pesos que invirtió, nos da un estimado que cada minuto ganado tuvo un costo de 0.2 centavos.

En resumen, puedo concluir que necesita ganar esa cantidad de dinero por cada minuto de tiempo que consiguió de saldo a su favor, pero, también estoy bien convencido que, si no existe voluntad para hacer las cosas, no hay poder humano para ayudar a toda aquella persona que no se deje hacerlo.

Un consejo siempre es bueno, es demasiado importante nunca olvidar o dudar que al precio que sea, todo el tiempo que se pueda comprar es barato.

Continuando con el tema puedo deducir que

alguien que no es capaz de ganar treinta pesos en dos horas y media, de verdad que tiene serios problemas existenciales. No quiero ser cruel con mis comentarios, sólo intento ser muy realista y, sobre todo, de verdad ayudarte a que seas optimista, porque necesito que te des cuenta de la verdad y sobre todo de la realidad que existe detrás de todo esto que les comparto, insisto, únicamente es para su beneficio.

Estoy plenamente convencido que hasta con actividades bastantes simples, como vendiendo cualquier artículo en un lugar público, en un lapso de tiempo tan amplio la mayoría de los seres humanos de este planeta podrían ganar esa cantidad de dinero.

Quiero aclarar que no tengo nada en contra de las personas que se dedican a esa actividad, al contrario, reconozco y admiro que hagan su esfuerzo diario para tratar de conseguir dinero, únicamente lo tomo como referencia con la intención de ilustrar el beneficio con relación al costo beneficio, en cuanto al tiempo e inversión.

Referente al hecho de llamar inversión a la cantidad de dinero que se necesitó para hacer esta tarea, tengo una respuesta muy clara y sencilla: siempre que se gaste efectivo para conseguir saldo de tiempo a tu favor que a su vez este te permita hacer otra actividad y te dé la oportunidad de recuperar la cantidad de dinero gastada, incluso con la opción de generar más efectivo de lo que se gastó inicialmente, a esa cuantía se le puede llamar tranquilamente inversión y sobre todo de las mejores y más rentables actualmente, por cierto.

En conclusión, todo lo que se genera a favor como consecuencia de una buena acción (en este caso en particular hablando de dividendos favorables), se puede considerar inversión y no gasto. Insisto, todo aquel mortal que tenga la dicha de poder comprar más tiempo en su vida con independencia del destino que le piense dar, por favor, nunca dude en hacerlo, pueden estar seguros que será una de las mejores compras que puedan hacer en su vida.

Existe un criterio muy genérico en cuanto a la preferencia o prioridad de la mayoría de las personas que habitan este planeta, son muy coincidentes en decir que necesitan más dinero, que quieren ser felices y también desean salud.

Creo que un buen comienzo para motivar a nuestra mente a cambiar con la intención de mejorar y conseguir con éxito cada uno de estos polémicos conceptos, es pensar en un factor relevante para nuestro subconsciente, en este caso, según al testimonio de muchos, el dinero.

No basta con sólo desearlo, sino dedicar el tiempo necesario y suficiente para ver cómo poder conseguirlo, habrá que mentalizarnos a que lo necesitamos. Por sencillo que parezca, existe un gran abismo entre desear, querer, conseguir, poseer y tener, créanme, cada término significa algo completamente distinto.

Podría presumir que el desear o querer algo, en gran parte corresponde a factores externos como la intervención de la suerte o el azar para poder obtener lo que se quiere. Por su parte, conseguir es completamente lo opuesto, depende del esfuerzo, el entusiasmo, las ganas, el empeño y la dedicación que inviertas para concretar con éxito los planes, proyectos, estrategias y metas que tengas; literalmente es hacer todo lo necesario para poder obtener lo que se quiere.

En el caso del dinero es muy importante considerar que contar con efectivo en tu poder no es algo fácil, pero tampoco es imposible. Tener dinero a tu disposición requiere de una serie de factores internos y externos que por naturaleza deben seguir un largo proceso, un verdadero recorrido, que a veces resulta inexplicable y difícil de lograr, pero, insisto, nunca imposible.

De hecho, el dinero está al alcance de todo ser humano, cualquier mortal tiene derecho a poseerlo. El verdadero problema son las vueltas, evasivas, pretextos, excusas y negativas que muchos le ponen para poder llegar a él o viceversa.

Pareciera que el dinero tiene vida propia y

se comporta en ocasiones como el peor de los monstruos, de manera que resulta más fácil para muchos sacarle la vuelta, antes que enfrentarlo de manera directa y con todas las ganas para tenerlo en su poder.

No por gusto en muchas ocasiones recibe también el título de circulante, es cierto que a la fecha no existe la guía o el manual correcto para conocer el recorrido que tiene que seguir para llegar a un destino en específico, pero puedes tener toda la certeza de que el primer lugar por donde tiene que pasar antes de poder llegar a tus manos, es por tu mente. Te garantizo que mientras no pase por tus ideas, proyectos, planes, sueños, metas y pensamientos, jamás lo podrás tener a tu alcance, mucho menos en tus manos.

Si de verdad quieres cambiar tu vida, empezar a buscar un escalón más en esta empinada escalera de bienestar, el primer paso que tienes que dar de forma por demás urgente, es reprogramar la manera de pensar, se debe estar consciente que una mentalidad negativa nunca podrá darte una calidad de vida positiva.

La mente del ser humano es increíblemente poderosa, tienes que enseñarte a manipularla, a direccionar tus pensamientos hacia tus objetivos, canalizar toda tu fuerza en cuerpo y mente con la sana intención de lograr con éxito cada uno de tus planes, proyectos y metas.

Otra cosa que he aprendido a lo largo de todos estos años de vida es que no se puede ayudar a quien no se quiere dejar hacerlo. Así que, todo aquel que no se acerque a sumar, que, de favor, no se arrime a restar y mucho menos a dividir. Con todo respeto se los digo, es importante incluir a todos, porque cuando las cosas se ponen mal y se requiere la ayuda de alguien, muchas de las veces las personas más cercanas son las primeras que salen corriendo, dejándonos solos con el problema.

Es momento de aprender a saber con quién se cuenta y con quien no, porque las amistades, familia y en esencia todo el entorno es igual de importante que la mente del ser humano al final todo es como una cuenta de banco, donde debes tener mucho cuidado con todo lo relacionado a ella, ser demasiado celoso en cada proceso que lleves a cabo, sobre todo la forma en la que la administras.

No es bueno disponer de todos tus recursos a la vez, porque corres el riesgo de quedarte sin nada y puedes estar seguro que te hará falta cuando más los necesites. Si te dedicas tan sólo a guardar lo que te sobra, jamás podrás tener lo suficiente para pensar en algo grande; si nunca depositas nada, jamás tendrás algún respaldo y, por último, si únicamente guardas lo que no quieres o no ocupas, eso cosecharás, puras cosas y consecuencias negativas.

La mente es tan poderosa, que por naturaleza le tenemos temor, y no hay que olvidar que el miedo es la mayor de todas las discapacidades que puede padecer un ser humano. Tenemos que aprender a vencerlo para seguir adelante, animarnos a intentar cambios de fondo en nuestra manera de pensar, entender que, los beneficios son tantos que al final valen la pena por cada esfuerzo realizado, créanme.

Es muy cierto que la mente es nuestro principal enemigo y para desgracia de muchos, es uno de los rivales más fuerte que podamos tener, pues conoce a la perfección todas nuestras debilidades. Pero no por eso es invencible, al contrario, perder el miedo a intentarlo es mucho más fácil de lo que parece.

Es verdad que ella conoce cada una de nuestras debilidades, sin embargo, no olvidemos que siempre obedece nuestras órdenes y voluntades, por lo tanto, tenemos una clara ventaja al momento de intentar vencer nuestros miedos, limitantes y barreras. Llevamos la delantera, sólo es cuestión de aprender a canalizar nuestros pensamientos de forma positiva, optimista y productiva para conseguir mejores resultados.

No te puedes dar por vencido antes de intentar una reprogramación en tu manera de pensar. Tristemente, se ha vuelto el pan de cada día que la gran mayoría de los mortales, tan sólo con imaginar una variante en su rutina ya tienen un millón de dudas, más triste que antes de ejecutarla, ya se dieron por derrotados, se rinden antes de hacer el mínimo esfuerzo.

Si bien es cierto que existen muchos casos negativos o con malos resultados de personas conocidas que han intentado hacer algunas modificaciones en su proyecto o plan de vida y lamentablemente no obtuvieron el mejor de los resultados; es normal que algo así suceda, pero insisto también es verdad que depende de cada quien la reacción que tenga después de sufrir una derrota.

Habrá quienes se quedan sentados lamentándose el resto de sus vidas o, el caso contrario, los que simplemente se levantan se sacuden y dicen: "ni modo, ahí voy de nueva cuenta por otro intento, que esta ocasión sí será la buena".

Desafortunadamente, los seres humanos pesimistas de esa mala experiencia contarán solo lo malo, todo lo negativo y no dirán ni de broma que en muchas ocasiones tuvieron la esperanza de obtener buenos resultados, ni siquiera compartirán el aprendizaje que les pudo haber dejado esa experiencia.

Mucho menos comentarán que estuvieron cerca de conseguir un cambio productivo, en especial, el que querían o estaban buscando, se enfocarán nada más en platicar lo desgastante que fue el proceso y, sobre todo, en recalcar cada que puedan la pérdida de tiempo y dinero que sufrieron al hacer modificaciones en su manera de pensar en especial de actuar.

Cuando algo así les suceda, este es el ejemplo más palpable y la razón principal de por qué tenemos que cambiar y adoptar una mentalidad cien por ciento optimista, reprogramando lo antes posible nuestras ideas malas por buenas, buscar lo bueno en todo lo malo que nos pase.

Puedo citarles mil testimonios de casos que les pueden ayudar a sustentar esta ideología, pero me enfocaré en uno sencillo que, estimo, será más que suficiente y, sobre todo, de gran ayuda para comprender la idea.

Pensemos en un niño cuando recién nace, es muy complicado que aprenda a caminar, ¿cómo lograrlo si nunca antes lo había hecho, mucho menos intentado? Sin embargo, su mente desconoce que no tiene que hacerlo, no sabe que no puede caminar, tal vez, por su desconocimiento lo hace con tanto esfuerzo y entusiasmo.

Bueno, es tanto su empeño y dedicación en lograrlo que, con independencia de que puede caer cien veces, nunca pasa por su mente el desistir, tal vez en su interior piense muchas veces en rendirse, aquí lo importante es que no lo hace, al contrario, persiste hasta que lo logra, ¿saben por qué no se rinde? La respuesta es bastante sencilla.

Recordemos que el pequeño ignora en su subconsciente que no puede caminar, desconoce que no sabe hacerlo y, además, todo su entorno lo motiva de forma continua a que lo haga, le dicen a cada segundo que lo puede lograr, le piden que lo intente y hasta lo ayudan en todo momento con ejemplos diciendo como se hace, en esencia recibe todo tipo de apoyos.

Creo que sabemos el final de esta historia: el pequeño, después de mucho esfuerzo y varios meses de práctica, dejando el miedo de lado, termina por aprender a caminar.

La enseñanza de la gran escuela de la vida nos demuestra que todo demanda un proceso de aprendizaje y tiempo para lograr lo que se quiere. Está por demás decir que, pasado un poco más de tiempo, el niño ya hasta corre, brinca y salta.

También es verdad que mientras más grandes seamos, más se complica todo, se vuelve más difícil lograr muchos de nuestros sueños y objetivos. Con el paso del tiempo nuestra mente se vuelve temerosa para muchas cosas, en gran parte, por los mismos golpes y malas experiencias que recibimos a lo largo de la vida, sumado al hecho de que inexplicablemente, los seres humanos cambian.

Cuando eres pequeño, pareciera que todo mundo te entiende, te apoya, incluso te ayuda y, por el contrario, cuando creces todo se vuelca en tu contra, son los mismos adultos las primeras personas en acercarse a decirte muchas veces: "no lo hagas, no vas a poder, ni lo intentes, vas a perder dinero".

No entiendo por qué predomina el comportamiento negativo en muchos terrenales cuando llegan a su edad adulta, ¿qué les pasa?, ¿en qué momento del crecimiento del ser humano se pierde el optimismo y compañerismo en la vida?

Afortunadamente, para todos, la vida es tan noble que siempre nos pondrá sobre la mesa las dos opciones. Ya dependerá de cada uno de nosotros cuál es la que queremos tomar y adoptar para el resto de nuestros días.

Por un lado, tenemos la opción negativa: donde se encuentran todos aquellos seres humanos que vinieron a este mundo sólo a quejarse y lamentarse, a pasar la mayor parte de su vida llorando.

Por el contrario, en la opción positiva se ubican todos aquellos que se animaron a reprogramar su manera de pensar, aquellos que aprendieron a ver las cosas buenas de la vida, que a su vez se convierten en oportunidades y con total independencia de todos los obstáculos que se les hubieran puesto en el camino, incluso sin importar los fracasos y derrotas que hubieran experimentado, vivido y sufrido en carne propia, tuvieron la dicha de haber aprendido a programar su mente y con esto tener una mentalidad optimista y sobre todo concentrada en buscar el éxito, a pesar de todo y contra todo.

Como el ejemplo pasado, donde todos aquellos que fracasaron y no dieron importancia a los golpes recibidos, únicamente se enfocaron en ver las oportunidades para progresar y, en el momento en que se dieron cuenta de que muchos semejantes se quedaron llorando en el intento, los optimistas, en lugar de sentarse a su lado a hacer lo mismo, buscaron ser productivos y se acercaron a ellos a venderles pañuelos para secarse las lágrimas.

Me pregunto, mi querido lector, ¿cuál opción de ser humano te gustaría ser?, porque estimo que la respuesta es demasiado sencilla.

Es de vital importancia estar conscientes de que todo ser humano que no sea capaz de controlar sus pensamientos, cambiar su mentalidad de negativa a positiva, reprogramar sus ideas, enseñarse a canalizar sus fuerzas, tanto corporales como mentales de manera correcta, en fin, todo aquel que no logre hacer esta reprogramación, es obvio que no tendrá la capacidad de controlar la atracción de manera positiva del dinero hacia él.

Aclarando que toda ambición es buena, sin caer en la codicia, porque de lo contrario, el conformismo lo único que produce es pereza y, con ella, viene de la mano la pobreza y tristeza.

No hay que sentirnos mal, todo el mundo tiene miedo a emprender o iniciar algo, en especial un cambio en la rutina de vida diaria con independencia del tipo que sea, ni qué decir en cuanto a lo mental. De hecho, la naturaleza del ser humano en general tiene pánico frente a lo desconocido, sin importar que esto traiga beneficios o perjuicios, son muy pocos los mortales que se aventuran a iniciar un proceso de cambio en su existencia con la intención de buscar un mejor resultado.

Por último, como un sabio consejo, creo que a lo que realmente hay que tenerle terror, no hablo de miedo, ni pánico, es a quedarte estancado en el mismo lugar.

Es inconcebible contemplar el hecho de vivir haciendo la misma rutina con la misma actividad durante toda la vida, créeme, eso sí mata a cualquiera.

Debes entender que la vida no te va a dar lo que quieres, en el mejor de los escenarios te va a proporcionar lo que mereces de acorde a lo que inviertas en tiempo, dinero, trabajo, esfuerzo, dedicación y persistencia.

Entonces, en cada nuevo pensamiento que

tengas busca siempre con todas las fuerzas posibles concretar con éxito cada uno de los planes y metas que te hayas propuesto en tu día a día.

5.- Ahorro y gastos

Lo he comentado a lo largo de todo el tiempo que tengo escribiendo, en cada uno de mis libros publicados, dos de ellos posicionados entre los más vendidos en más de una ocasión en la plataforma digital de Amazon: *MI PRIMER MILLÓN*, una historia real acerca de cómo pasar de tener deudas a ganar tu primer millón en poco tiempo.

Una de las grandes interrogantes de la humanidad es si la estabilidad económica depende de la *BUENA SUERTE O ESTRATEGIA.* Créanme, no podemos dejar todo en mano de Dios, tenemos que hacer nuestra parte.

(Más vendidos en Amazon) Una vez que cada quien en lo personal logra tener libertad financiera, cómo puedes trasmitir los conocimientos adquiridos a los futuros legados, los hijos. *PADRE RICO, HIJO POBRE,* de Mario Quintero, (recomendado ampliamente) es, definitivamente, la lectura que te puede ayudar a saber si estamos haciendo lo correcto o no con la educación financiera de nuestros pequeños.

Y, para cerrar con broche de oro el tema de

las finanzas personales, hablando de la intervención de las revoluciones tecnológicas y digitales de nuestra era, ***RICO O POBRE, ¿USTED ELIGE?,*** una lectura muy bonita con un sencillo mensaje: te aplicas, modernizas, actualizas, o desapareces.

Una vez que logras manipular tus ideas y pensamientos de forma productiva, llegas a tener un control total sobre tu manera de pensar. Es claro que poder hacerlo no será nada fácil, necesitarás mucho trabajo, dedicación y esfuerzo aplicados de manera correcta. Pero en el momento en que lo logres te darás cuenta de los beneficios que obtendrás, sobre todo, sabrás que cada esfuerzo y sacrificio realizado valió la pena.

Una vez que reprogramas tu manera de pensar tienes que comenzar lo antes posible a poner en práctica tus nuevos aprendizajes, aplicarlos en el único camino viable y relativamente seguro conocido hasta el día de hoy para conseguir una mejor calidad de vida: el ahorro.

Hablemos de los tiempos actuales, en específico del siglo XXI, donde los únicos métodos reales comprobados y relativamente seguros que se conocen para poder tener una mejor calidad de vida son, en esencia, dos: el primero, que te dediques de tiempo completo a comprar boletos de lotería y participar en todo tipo de sorteos, después rezar y pedir a Dios las veinticuatro horas del día para que se apiade de ti y puedas contar con la dicha de ganar el premio mayor; con ello conseguirías una gran cantidad de dinero, la cual estimo que será suficiente para poder consagrar con éxito tu libertad financiera.

El otro procedimiento es un poco más realista y, por ende, mucho más complicado. Este no depende de la voluntad de terceras personas, por el contrario, se consigue a base de largas horas de trabajo, abundante voluntad, esfuerzo, sacrificio, dedicación constante y, sobre todo, muchas ganas de hacer las cosas. Se trata del fomento, educación y aprendizaje en tu vida personal del ahorro.

Obviamente, la primera opción es muy, pero de verdad muy difícil que se concrete con éxito, debido a las probabilidades tan remotamente pequeñas y escasas que tenemos cada uno de los mortales que habitamos este planeta. Vivir esperanzados con que algo así de bonito pudiera llegar a pasarnos refiriéndome en especial, a ti o a mí, es una idea agradable, pero bastante ilusa.

Por las remotas probabilidades que tenemos de que pudiera llegar a concretarse con éxito tan pequeña probabilidad, por lo tanto, queda completamente descartada, porque vivir pensando con esta ilusión como una posible solución para mejorar nuestra calidad de vida, pensar de esta forma es una verdadera equivocación, una real pérdida de tiempo.

Por lo tanto, el único camino viable y real que nos queda es aprender a incursionar en un procedimiento altamente efectivo, del cual desconozco las razones reales por las cuales nunca se nos educó o enseño su práctica de forma habitual y constante durante nuestro crecimiento y formación académica.

Puedo suponer que existen muchos factores que nos mantienen alejados de esta bonita disciplina llamada ahorro, entre uno de los que considero más importantes, pudiera ser la desinformación de los beneficios que genera a todo aquel que lo adopta y ejecuta de manera correcta.

Tal vez podría continuar culpando a las equivocadas costumbres de toda la vida, los malos hábitos adquiridos durante nuestra formación y crecimiento, los erróneos protocolos de vida impuestos, pero creo que la única y verdadera culpa es la falta oportuna de información financiera en el aprendizaje y desarrollo de cada uno de los seres humanos de este planeta.

Es tan noble y espléndida esta bonita actividad del ahorro que, realizándola de manera constante y correcta, puede cambiar la vida de todo aquel que la práctica.

Ciertamente, son muy sustanciosos los beneficios que se obtienen al hacer un ahorro de manera constante y, sobre todo, correcto, pero pareciera que a la gran mayoría de seres humanos no les importa en lo más mínimo sus bondades.

Es inexplicable cómo les resulta a muchos verdaderamente complicado ejecutar un ahorro de forma cotidiana, sé claramente que no es fácil, lo entiendo, pero tienen que darse la oportunidad de conocer sus virtudes y beneficios, estoy convencido que el día que las conozcan le pondrán cada vez más ganas, esfuerzo, dedicación y empeño a su búsqueda.

El soñar no empobrece, aunque también es correcto pensar que el "hubiera" no existe, pero si de algo tenemos que aprender en esta vida, les aseguro que es de los errores cometidos o vividos. Debemos de tratar que al menos los seres queridos no sufran las mismas equivocaciones que hemos pasado los adultos. Creo que es muy justo evitarles esa pena, si ya viviste experiencias que lo único que aportaron a tu vida fueron malos momentos con un cúmulo de desilusiones, lo mejor que puedes hacer, como un ser humano consciente de este error, es tratar que tu futuro legado no recorra el mismo camino equivocado.

Por lo menos, es mi manera de pensar, ayudar a los demás a no sufrir todo lo que uno ya padeció en este difícil camino llamado vida.

Nosotros no tuvimos muchos privilegios que se pueden tener en la actualidad, hablando de todo tipo en toda la extensión de la palabra, sin embargo, qué bonito sería si las nuevas generaciones fueran obligadas a aprender desde muy pequeños los conocimientos básicos y esenciales de cómo funciona el sistema financiero y no sólo el de nuestro país, sino el del mundo entero.

Sería una excelente iniciativa enseñarles principios básicos sobre economía, incluso antes de comenzar a leer, que por Ley forme parte de sus primeros aprendizajes, que se contemplen en sus primeras lecturas. De esta manera sembraríamos en ellos la inquietud desde muy temprana edad, para que con el paso del tiempo aprendan la importancia de saber manejar con éxito las finanzas, en especial las personales.

Al hacerlo de forma constante y sobre todo inconsciente les inculcaríamos correctamente, el desarrollo de buenas finanzas y como consecuencia de esto fluirían las ideas de emprendimiento y superación de forma natural, en cada uno de estos pequeños.

También pienso que sería una gran estrategia obligarlos a que, en lugar de ir a la escuela a obtener buenas calificaciones, asistan a cursos, clínicas y capacitaciones a intercambiar opiniones, analizar proyectos, escuchar diferentes puntos de vista y, en general, aprender a buscar cosas y métodos nuevos que les ayuden a ejecutar de forma correcta la implementación de grandes ideas y nuevos modelos de negocios, que entiendan que todo emprendimiento primero tiene que ser sustentable y luego podrá comenzar a ser rentable.

Estoy plenamente convencido que con estos pequeños principios que, créanme, no cuestan absolutamente nada, sólo se necesitan muchas ganas para su implementación después de su educación y crecimiento. Detalles tan sencillos aplicados de forma correcta pueden hacer que el mundo sea otro, donde todos tendríamos más oportunidades de poder aspirar a una mejor calidad de vida.

Es importante que las nuevas generaciones aprendan que debemos trabajar para concretar con éxito cada una de nuestras ideas y proyectos, aprender que la vida no es laborar únicamente haciendo lo que se nos ordena y entender que estas conductas y protocolos impuestos durante tanto tiempo solo sirven para disciplinarnos y que nos limitemos a cumplir órdenes. Estamos acostumbrados, por ejemplo, que al final de cada jornada laboral podremos aspirar a un pequeño pago fijo de forma semanal o quincenal, a cambio de una gran cantidad de horas de trabajo.

Es esto correcto? Nos ha regido durante tanto tiempo un sistema tradicional erróneo, completamente ajeno a la realidad económica que vivimos actualmente en nuestro país.

Se nos aparta, desde muy temprana edad, de la realidad ante la necesidad de aprender a innovar, crear, desarrollar o fomentar nuevas ideas, se nos limita en todo momento, de manera que no intentemos acciones que nos ayuden a mejorar, a generar cambios, es una constante lucha que tiene el ser humano contra el miedo sembrado durante toda la existencia, dicho temor se convierte en el principal freno que nos detiene al momento de querer realizar cualquier modificación en la rutina diaria.

Pareciera que tienen la encomienda de ir desvaneciendo poco a poco las ganas de ejecutar nuevas ideas o estrategias, principalmente, todas aquellas relacionadas con el ahorro, dinero y finanzas, temas tan delicados pero a la vez tan importantes que, aplicados de manera consciente y correcta, le pueden ayudar a cualquier mortal a generar más efectivo a su favor y con esto tener la posibilidad de comenzar con éxito un ahorro económico, que créanme le pueda abrir las puertas a todo mortal a una libertad financiera.

Este tema del ahorro económico es necesario en cada ser humano para conseguir una mejor existencia y lograr con éxito un bienestar.

Esta sencilla actividad, por muy compleja que parezca, puede cambiarle la vida a quien la implemente de forma constante. Pueden estar seguros que llevar a cabo de manera satisfactoria un ahorro es mucho más fácil de lo que se pueden imaginar, únicamente se requiere voluntad y muchas ganas.

Como en todo momento lo he dicho: pretextos y excusas para no hacer las cosas siempre van a existir y muchas; los habrá de todo tipo, colores y versiones, algunos tan creativos que en serio te ponen a dudar sobre si en verdad es bueno o malo iniciar un cambio en especial un ahorro económico.

Ya dependerá de cada uno de nosotros si nos dejamos influenciar de manera positiva o negativa con cada manera de pensar porque, insisto, la lógica natural es muy simple y sencilla de comprender. Si quieres una calidad de vida distinta a la que tienes, debes arriesgarte, esforzarte por hacer cosas diferentes a las que actualmente haces.

Podemos partir de este tipo de razonamientos, que al final son lógicos y básicos, sobre los cuales ésta más que comprobado que en estos tiempos es extremadamente necesario poder contar con efectivo para sobrevivir. Ojo, no estoy hablando de tener una calidad de vida decorosa, sólo me refiero a tener lo necesario para satisfacer las necesidades básicas y primordiales de todo ser humano, en cuanto a lo elemental e indispensable como vestimenta, comida y un lugar o techo para vivir.

Por consecuencia, no podemos caer en el juego equivocado que hemos practicado durante toda la vida, donde todo el tiempo permitimos la entrada a nuestra mente de distintas maneras de pensar en especial las negativas; pensamientos que nos han limitado en todas las direcciones, fomentando en nuestro subconsciente el temor y fortaleciendo la idea de que existen mil y una barrera que nos impedirán implementar o realizar de manera correcta un método constante y exitoso.

Quiero hacer mucho énfasis en lo importante que resulta poder aprender a dominar y manipular nuestros pensamientos individuales. Cuando aprendes a poner un orden en tus ideas, puedes estar convencido que todo lo demás será mucho más sencillo de realizar, pues el mundo parece funcionar de manera organizada, sincronizada, fluida y, en especial, productiva.

El tema de tener control sobre las emociones y pensamientos es mucho más complejo que cualquier otra actividad en la existencia humana. Pero es muy importante que no desistan en esta encomienda de controlar su manera de pensar, aprender a canalizar cada uno de sus pensamientos de forma optimista y productiva, implementar todo tipo de ejercicios y estrategias que resulten necesarios para aprender la manipulación a conveniencia propia de nuestras futuras ideas y pensamientos, son actividades que redituaran en grandes proporciones nuestros futuros frutos económicos.

Será necesario hacer todo lo humanamente posible para tener un total control mental y una vez que lo consigues, no tienes idea cómo te puede ayudar esta nueva manera de pensar a consagrar con éxito cada uno de tus planes.

Estar debidamente enterado y consciente de la importancia que significa para nuestro beneficio existencial implementar de forma correcta y constante en nuestra vida diaria el fomento del ahorro económico. Una vez que tienes poder sobre tus pensamientos, aprovecha esta situación para manipular todas tus fuerzas físicas y mentales con el objetivo de conseguir un ahorro monetario lo antes posible.

De hecho, la disciplina para lograr un constante ahorro es casi imposible de conseguir de la noche a la mañana, lo ideal es que sea un cambio progresivo. Si en algo ayuda, les puedo compartir que aquellos seres humanos que logran incorporar a su rutina de vida diaria esta bonita actividad son todas esas personas exitosas que tienen la dicha de disfrutar de una calidad de vida estable y, en muchos de los casos, hasta envidiable, no sé si para bien o para mal. El ahorro económico es una de las pocas puertas relativamente seguras que nos pueden ayudar a conseguir de manera satisfactoria una mejor existencia e, incluso en muchos casos, el éxito financiero.

Aunque quiero aclarar que no hay nada seguro en esta vida, podría decir que únicamente la muerte, y aun así no duden que más de uno ya debe de estar en pláticas para poderla evadir, o por lo menos prolongar su permanencia. En fin, la vida por sí sola está llena de contrapesos para mantener un supuesto equilibrio, claro, todo dentro de las leyes naturales y reales de las posibilidades, por lo tanto, siempre existirá el destino que, cierto o incierto y a criterio muy personal, tiene la palabra final; no hay poder humano que lo evite, cambie o modifique. Así que, haz tu parte, ve en busca de lo que quieres y deja que el destino haga la suya, pero ten siempre presente nunca desistir hasta conseguir lo que quieres.

Les comentaba en líneas pasadas, con independencia que alguien logre incorporar de manera exitosa a su rutina de vida diaria el ahorro económico, no existe ninguna garantía que, una vez logrado, pueda tener todo lo soñado, siempre dependerá mucho del destino final que tenga ese efectivo.

Por desgracia y aunque muchos no lo crean, existen personas que consiguen hacerse de un ahorro económico (sin relevancia alguna sobre si es mucho o poco) y la gran interrogante se forma una vez que lo tienen, cuando llega el momento de tomar la decisión de qué hacer con él, si comenzar a gastarlo o invertirlo.

Porque en muchas ocasiones, ese ahorro no fue suficiente para sus planes y hasta piden prestado más dinero para poder solventar un gasto relacionado con la idea de un exótico viaje a un lugar paradisíaco, por ejemplo.

Se puede interpretar que en la manera de pensar de estas personas estiman que después de tanto esfuerzo, trabajo y sacrificio, para conseguirlo lo menos que se merecen son unas buenas vacaciones y qué mejor manera de poderlas disfrutar que gastando todo el dinero que han logrado ahorrar.

Sin embargo, para suerte de todos aquellos que sí tienen ganas de hacer algo productivo con su vida, también existen las personas que después de conseguir un ahorro económico considerable, en lugar de pagarse el disfrute de unas exóticas y merecidas vacaciones, deciden gastar esos ahorros en una inversión que les ayude en un futuro cercano a tener un poco más de ingresos económicos, y que a su vez, estos se conviertan en una mejor estabilidad financiera, una situación económica que les pueda proporcionar una mejor calidad de vida al paso del tiempo.

Podemos dejar de lado la errónea idea que se ha formado a lo largo de la historia pensando que trabajando duro podremos tener la vida que queremos, tenemos que ser conscientes que el trabajo pesado por sí solo nunca será garantía de generar el dinero suficiente para gozar de una mejor posición económica.

Son muy contados los casos de personas que tienen este privilegio, es triste e injustamente cierto, pero hay muchos ejemplos que dan muestra y testimonio de esto. Podría enfocarme en todos aquellos seres humanos que trabajan en la construcción, para poder partir de un punto de vista, uno de los trabajos más demandantes en cuanto a esfuerzo físico se refiere.

De ser cierto que el trabajo duro te vuelve rico, todos ellos seguramente serían millonarios, sin embargo, está por demás decir que no lo son.

Por lo tanto, es claro que existen una serie de requisitos y procedimientos básicos a seguir para poder disfrutar de buenas finanzas.

Aunque algunos de estos ingredientes parezcan difíciles e inalcanzables, pueden estar seguros que no lo son, todos estos requisitos los podemos resumir en simples palabras como voluntad, ganas, trabajo físico y en especial, mental, ahorro, planeación, inversión y constancia. Listo, después de cumplir con cada uno de estos términos solo es cuestión de esperar unos cuantos años y obtendrás todo lo que siempre has deseado.

El párrafo anterior puede sonar a que hago referencia a un trabajo demasiado difícil de cumplir, bastante pesado y complicado, cuando no es así.

Sin embargo, el solo hecho de pensar en implementar de manera correcta cada uno de los puntos explicados con anterioridad suena de cierta forma hasta imposible de lograr.

Pero, tengan confianza, pueden estar seguros que siempre será mucho más fácil dedicarnos de tiempo completo a cumplir con una meta personal, que trabajar a medias para la de alguien más, total, al final el beneficio es sólo para nosotros, tengan muy presente que siempre será más gratificante ejecutar un plan personal en corto tiempo, que laborar durante muchos años para cumplir el sueño de otra persona.

Por otro lado, una vez que te haces el ánimo a intentarlo debes poner todas las ganas para hacerlo en corto tiempo considerar que realizarlo en ratos o episodios solo hará que se prolongue su conclusión y se volverá un proceso largo, tedioso y enfadoso.

Es de vital importancia entender que una meta requiere de un plan, o lo que sería lo mismo, de nada sirve un procedimiento sin un propósito. Tiene un valor trascendente concebir una meta detallada donde contemples avances, tiempos, y, en especial, la implementación de correctas estrategias para su perfecta ejecución, mediante el procedimiento y ejecución de un plan cuidadosamente estructurado.

De lo contrario, puedes estar convencido que es una verdadera pérdida de tiempo iniciar algo sin estas dos fases, plan y meta. Se necesita vinculación y determinación entre ambas para culminar con éxito cualquier proyecto que se inicie.

Pienso que una vez que tienes bien clara una meta que consideres rentable, implementes lo antes posible una estrategia que incluya un plan detallado de trabajo a corto plazo, tal vez cinco años en jornadas de noventa y ocho horas semanales, de lunes a domingo, puedes estar seguro que será mucho mejor que pretender realizarlo únicamente trabajando jornadas de ocho horas al día de lunes a viernes.

En este último supuesto, de considerarlo viable debes entender que lo harás durante los siguientes veinte años de tu vida. Entenderás entonces todo el tiempo que te ahorras cuando se tienen ganas de hacer un esfuerzo sobre humano para conseguir lo que se quiere, porque, insisto, puedes estar seguro que el ahorro económico es bastante bueno, pero recortar o ganar tiempo en horas de trabajo, ese ahorro es definitivamente por mucho el mejor de todos los que pudieras conseguir, por lo tanto, tienes que enfocarte en hacer todo lo que puedas en el menor tiempo posible.

En conclusión, puedo decirte que, si no tienes efectivo de sobra para ahorrar, inmediatamente has de empezar a hacer todo lo necesario para conseguir un poco de tiempo libre extra al día a fin de incorporar otra actividad laboral a tu rutina diaria y así generar un poco más de ingresos económicos, con esto tendrás posibilidades reales de empezar un ahorro; sin él, puedes despedirte de cualquier probabilidad de conseguir cambios de fondo y sustanciales que puedan ayudar a tus finanzas o a mejorar tu vida.

No tengo idea qué tan complicado pueda ser comprender esta parte para los lectores, por eso soy insistente. Sacrificar unas cuantas horas de tiempo al día, invertir mucho trabajo y esfuerzo de manera productiva y no dar en ningún momento entrada a la fatiga, son puntos clave; todo esto debe hacerse durante unos pocos años hasta conseguir sus sueños y alcanzar una mejor posición económica. Por el contrario, sí puedo asegurar lo difícil que resulta trabajar durante toda la vida en jornadas de ocho horas diarias para ayudar a otra persona a que pueda cumplir con éxito cada uno de sus sueños y que tenga y goce el de la vida que uno quisiera tener.

No tengo nada en contra de trabajar para alguien más, al contrario, siempre reconozco y admiro a todo aquel que lo hace. De hecho, en el fondo creo que es hasta bueno y de cierta forma obligatoria ayudar; pero sí aclaro que no me parece algo digno si se hace de manera mediocre, incluso a medias o de forma indeterminada.

Si vas a trabajar para alguien más por lo menos hazlo durante el tiempo necesario en lo que ahorras capital suficiente para emprender algún negocio por cuenta propia, o realizar alguna actividad alterna o secundaria que te guste, sobre todo, que te permita trabajar para ti y no para terceros, recuerda siempre realizar tus sueños y no los de otras personas.

Nunca es tarde para empezar un cambio, lamentable es nunca hacerlo, así que no tengas miedo a emprender. Uno de los procesos más complicados para animarse a dar este paso es vencer el constante miedo, dejarlo atrás, aventurarte a trabajar por cuenta propia. Sé que es grande la incertidumbre a las tantas preguntas y dudas que nacen al momento de querer poner tus planes en marcha, son acosadoras y desgastantes.

Pienso que un buen consuelo en estos casos es no pensar en el miedo que produce un cambio, deberías de enfocarte en tenerle temor y pánico, más bien, al hecho de imaginar quedarte durante toda tu vida haciendo la misma actividad, en especial cuando es ayudando a contribuir de manera directa al beneficio de otra persona y sin hacer nada para mejorar la tuya.

Una vez que has aprendido la lección y logras incorporar a tu rutina diaria el ahorro, lo primero que tienes que cuidar son tus gastos, ¿en qué vas a invertir el dinero ahorrado para que pueda generar ganancias económicas a tu favor? Porque como seres humanos tenemos un serio problema existencial: nada más contamos con unos cuantos pesos en la bolsa y de inmediato ya estamos pensando en qué lo vamos a gastar, rápidamente le ponemos mil nombres a ese dinero ahorrado.

Todo mortal sueña con poder tener una vida de rico y se nos olvida que para realmente serlo se necesita mucho trabajo y esfuerzo. Un saldo de dinero a favor muchos lo pueden tener, una vida de rico no cualquiera la puede consagrar.

De qué te sirve hacer mil sacrificios para poder ahorrar cierta cantidad de dinero, si en la primera oportunidad que la vida te pone una tentación enfrente no eres capaz de decir que no, dar la vuelta inmediatamente y retirarte del lugar para poder evitarla.

Irónicamente, gastamos en unos cuantos segundos lo que nos lleva meses y en ocasiones hasta años ahorrar, y todo para qué, para cumplir en muchos casos un tonto capricho pasajero cuyo único beneficio es conducirnos a valorar luego el significado de la siguiente frase: "si hubiera hecho esto o aquello".

Es uno de los más grandes errores de los tiempos actuales el simular querer ser rico; aparentar ante los ojos de muchas personas que a veces ni siquiera conocemos e incluso, que pocas ocasiones vemos o volveremos a ver, lo que no somos. Soñamos con impresionar a extraños que ignoramos si les interesamos, este se ha vuelto el peor de los errores de los seres humanos en tiempos actuales.

Por el contrario, lejos de generarnos bienestar con nuestras acciones, lo único que logramos es producir negatividad a nuestro entorno tenemos que entender que este tipo de conductas dañan a los seres que de verdad amamos incluso a nosotros mismos.

Nunca meditamos sobre el efecto negativo que ocasionamos a nuestro entorno con nuestras acciones, ni las consecuencias de estas, sobre todo las que sufren las personas que sí forman parte directa de nuestra existencia.

Les aseguro que en muy contadas ocasiones han valorado esta situación. Porque si tienes la errónea creencia que la gente que te rodea y que no obtiene un beneficio directo de tu avance económico disfruta al verte progresar, discúlpame por desengañarte, pero estás equivocado, sólo en casos muy contados y especiales existen los seres humanos que de verdad gozan, aplauden y reconocen el éxito de un tercero que no es apegado o beneficiado directamente de ellos.

Nunca entenderé cuáles son los beneficios de auto engañarse al aparentar una condición económica distinta a la que se tiene, en este caso, la de sentirse rico cuando en el fondo todos sabemos perfectamente quiénes son las personas que gozan de dicho privilegio, y casi estoy seguro que muchos de los que se dicen ricos no lo son.

Partamos del principio básico para poder pertenecer a dicha clase social, debes ganar más de doscientos mil pesos mensuales, a fin de considerarte un bendecido por la economía de este país, y no dudo en lo absoluto que existan muchas personas que ganen esa cantidad de efectivo. El detalle es que los seres humanos que de verdad son ricos lo generan a su favor sin tener que trabajar, es la pequeña gran diferencia, mientras que muchos tienen que aprovechar cada segundo del día para poder obtener ese monto de dinero como ingreso, trabajando a marchas forzadas, durante largas jornadas al día.

Quiero hacer una reflexión que considero muy importante para analizar y comprender está parte correctamente. Pongámonos por unos instantes en los zapatos de otra persona, comprendamos lo doloroso que es para un ser querido asimilar el hecho de que algún familiar gaste un dineral en la compra de un solo objeto material por mera vanidad, cuando de hecho la gran parte de todo su entorno no puede hacerlo.

En esa tonta presunción desmedida se les olvida que los sentimientos de los seres humanos son los mismos en su gran mayoría, tanto de conocidos como desconocidos, con la pequeña agraviante que, de verdad con este tipo de acciones, a quienes más dañamos son a las personas que realmente sí les importamos.

Es imposible al momento de tener estas conductas no poner en la mente de cada uno de esos seres queridos la pregunta obligada de "cuántas cosas de provecho hubiera hecho yo con ese dinero, mejor me lo hubiera dado o prestado a mí, que buena falta me hace para hacer esto y aquello".

De manera inexplicable, algo que hicimos para posicionarnos mejor con todo nuestro entorno, sobre todo con quienes convivimos a diario, con este tipo de acciones lo único que conseguiremos será generar crítica e incluso malestar en nuestra existencia, acompañada de un gran cúmulo de negatividad que resultará al sumar todas las malas vibras, tanto de conocidos como de desconocidos.

Al final de todas estas conclusiones me resulta imposible no cuestionar si realmente ganamos algo al gastar los ahorros que se han conseguido con tanto trabajo y esfuerzo durante meses para poder comprar, por ejemplo, un pantalón con un costo cercano a los veinte mil pesos, que, por cierto, casi no te vas a poner por miedo a que se te desgaste o le vaya a pasar algo como romper, por ejemplo.

Es un gasto que la mayor parte del tiempo pasará guardado en algún lugar de tu cuarto, prácticamente enmarcado, para poder decir y presumir que tienes una prenda de vestir costosísima y que nadie te cuente qué se siente tenerla.

Por el contrario, una vez que haces una compra de este tipo lo único que logras es tener un pantalón que no te da ningún servicio diferente al que te brindaría cualquier otro con las mismas características, pero con un costo económico mucho menor.

La única variante que pudiera existir es que al momento de que traigas puesto el pantalón costoso, en el que gastaste todos tus ahorros, no podrás traer en la bolsa de este los veinte mil pesos ahorrados, por ya no contar con ellos.

En cambio, si usaras un pantalón que costó cien pesos, se entiende que por lógica portarías en su interior los veinte mil pesos en efectivo que lograste ahorrar, poder contar con ellos en el momento de tener la oportunidad frente a ti, para hacer un negocio de inversión. De esta manera ese gasto te podrá generar un ingreso económico extra a los que ya puedas tener, espero entiendas el fondo del mensaje.

Como moraleja, jamás tendrás el mismo cuidado con el pantalón de cien pesos, como la atención y honores que le podrás rendir cada que te pongas el que te costó veinte mil, por lo tanto, es hasta mucho más servicial el pantalón barato, porque puedes realizar muchas más actividades de las que harías con la prenda costosa por miedo a que le fuera a pasar algo, empezando por el desgaste natural que pueda sufrir.

Este es solo un ejemplo imaginario al referirme a un pantalón, pero suceden con muchísimas cosas o artículos bastante variados como pueden ser bolsas, relojes, teléfonos celulares, calzado, etc., todo por el solo hecho de ser de cierta marca.

Ante este tipo de razonamientos básicos y lógicos, resulta hasta injusto pensar en invertir mucho dinero en algo tan superficial, sólo por la idea de impresionar a los demás con tus compras y no con tus acciones, empeñarse en querer parecer y no en ser, eso sí es verdaderamente vivir completamente engañado.

Cuando comiences a entender un poco más cómo funcionan los sistemas económicos y financieros del país, en especial la mercadotecnia digital que tiene hipnotizada a prácticamente toda la población, al instante despertará tu curiosidad en los números, después seguirá con tus finanzas y, por ende, terminarás por cuestionar y tratar de mejorar la calidad de vida que actualmente tengas.

Las personas que no se encuentran sometidos bajo los efectos de este esquema de mercadeo digital, son las que tienen el control total de los emporios capitalistas de nuestro planeta. Hablamos únicamente del uno por ciento de la población mundial, qué lamentable información; sin embargo, para desgracia de todos nosotros es cierto.

Cuando entiendas el mensaje de estas líneas, estoy casi seguro que tendrás la capacidad de enfocar tus prioridades en cumplir tus metas, ejecutar tus planes, generar ahorros, canalizar pensamientos productivos, hacer cosas que realmente te ayuden a lograr algo sustancial en tu vida.

En automático, comenzarás a cosechar resultados que se verán reflejados en tus finanzas personales y cuando esto suceda, será momento de decir: "muchas felicidades, bienvenido a la posibilidad de poder gozar de una calidad de vida superior a la del resto de la gran mayoría de los seres humanos", aprender a vivir plenamente con nuestro interior, para convivir más modestamente con nuestro exterior.

6.- Tiempo e inversión

Una vez que has logrado implementar los avances necesarios en la forma de controlar la manera de pensar en tu rutina diaria, así como el fomento en la metodología del ahorro y has aprendido lo necesario para canalizar satisfactoriamente tus ideas, pensamientos, proyectos y acciones en el cumplimiento de tus metas; en ese momento que consigues disciplina en cada uno de estos puntos antes mencionados, será evidente el orden que pondrás en tu vida. Al instante conseguirás tiempo muerto o extra a tu favor, por ende, los beneficios comenzarán a fluir de forma increíble.

Cuando consigues minutos u horas extras a tu vida, lo primero que debes hacer es invertirlos inteligentemente. Suponiendo que de momento no tienes efectivo suficiente para iniciar en el mundo de las inversiones, la primera maniobra que deberás hacer será en tiempo y no en dinero.

Lo importante es que con independencia de que innoves en algo, aparte de cuidar la innovación tienes que poner especial atención en familiarizarte con el proceso del término inversión, sobre todo con sus beneficios y cuanto antes lo hagas, mucho mejor.

Es obvio que, al momento de implementar cambios de fondo en la existencia de cualquier ser humano, es altamente entendible que, por lo menos al principio, no tengas efectivo suficiente para hacer inversiones económicas, pero eso no es impedimento para iniciar una nueva experiencia en el mundo de los negocios.

Por lo tanto, como lo dije en líneas pasadas, puedes empezar una correcta estrategia de inversión en tiempo y no en dinero, hasta en tanto cuentes con el efectivo suficiente para continuar con las inversiones, ahora sí, monetarias.

Hay que entender cómo funcionan los sistemas financieros de este país y de hecho del mundo entero, pues ambos tienen el mismo principio básico, es regla esencial para poder seguir avanzando y aprender a darle a cada cosa el valor que realmente tiene.

Para mí resulta complicado saber la respuesta correcta, en este caso en particular ambas son igualmente de valiosas e importantes, en especial para todo lo relacionado al tema financiero, donde es muy complejo ver el orden de preferencia, importancia o prioridad entre los elementos que considero más relevantes e importantes en este tipo de negocios hablando de los factores tiempo y/o dinero.

Es realmente muy complicado saber cuál de estos dos vocablos tiene más peso, valor, importancia o trascendencia, por este sencillo razonamiento: cuando no se tiene ninguno ambos son necesarios, incluso indispensables, porque para tener dinero se necesita primero tiempo para trabajar y, por consecuencia, poder obtenerlo; por el contrario, podríamos suponer que disponer de tiempo dependería directamente del dinero con que se cuente, porque en caso de no tener efectivo tendrás que invertir tiempo trabajando para poder conseguir dinero, de verdad es muy complejo este tema va directamente ligado uno de otro.

Continuando con este análisis acerca de cuál de estos dos términos va primero, caso contrario al ejemplo anterior, donde hice una suposición, en esta ocasión pensemos que no se dispone de ninguno, en este supuesto podemos imaginar que se cuenta con ambos, en este panorama se soluciona todo, pues al tener más dinero en tu poder esto se traduce en una gran oportunidad para reorganizar tus tiempos de mejor manera, administrarlos en especial de forma optimista y productiva.

Por el contrario, al conseguir tener más tiempo, este te permite desarrollar y sobre todo seleccionar otras actividades que te pueden ayudar a generar más dinero a tu favor, por lo tanto, hasta en este supuesto creo que resulta muy complicado entender la prioridad o preferencia de cada uno de estos elementos.

El desconocimiento en el orden de estos razonamientos es una garantía de que todo ser humano que no entiende el valor e importancia de cada uno, tendrá como castigo ignorar, durante la mayor parte de su vida, los alcances y por consecuencia sus beneficios; en pocas palabras, en tiempos actuales la gran mayoría de personas de este planeta se dedican de lleno a perder el tiempo y al final de cada jornada sus acciones y actos se convierten o traducen en restar la posibilidad de obtener y generar dinero a su favor.

Debes entender que por cada segundo de tu tiempo desperdiciado estás dejando de ganar efectivo, porque hasta en el supuesto contrario donde malgastas dinero, se sobreentiende que estás regalando tu tiempo.

Ya depende de cada persona, cuánto efectivo más quiere dejar de ganar, o qué cantidad de tiempo más de su existencia humana quiere seguir regalando con una equivocada manera de vivir y, sobre todo, de administrar su tiempo y/o su dinero.

Para el fondo de este asunto en especial cuando se quiere mejorar, cuentas con la gran ventaja de que no tenemos que ponerle un puesto o rango a ninguno de estos dos términos, solamente aprender a convivir con cada uno de ellos, llevarlos de la mano y de forma sincronizada para poder explotar las virtudes de ambos en nuestro beneficio. Aplicar una correcta estrategia de la cual obtendrás las bondadosas recompensas que estas generan.

Ante la lectura de los presentes párrafos, resulta lógico y entendible asumir que más de algún lector pensará que, definitivamente, poder cumplir con lo dicho en estas líneas es imposible de realizar; surgirán inmediatamente cada una de esas personas pesimistas, justificándose con un sin número de pretextos y excusas, en primer plano, el supuesto hecho que precisamente es lo que no tienen tiempo, mucho menos dinero, para poder iniciar cualquier proceso de cambio o mejora.

Estos pensamientos casi siempre los hacen sin premeditación alguna, pues estoy casi seguro que ni siquiera intentaron hacer el mínimo esfuerzo por cambiar algo antes de emitir su sentir.

En ocasiones es tan absurdo ver la forma en que las personas se dan por vencidas antes de intentar modificar el mínimo detalle en su manera de vivir para ver si pueden conseguir algún cambio productivo.

Créanme que todo es posible, basta con analizar los tiempos muertos con que dispone cada mortal para darse cuenta de todas las horas que se pierden en un día sin hacer prácticamente nada; en lugar de desperdiciar todo ese tiempo, deberían aplicarlo de manera más sustanciosa y productiva para iniciar otras actividades que les puedan ayudar en algo, en especial a generar dinero.

Siempre será mucho más fácil decir "no puedo, no tengo tiempo, ahorita voy, estoy muy cansado, al rato lo hago, mañana empiezo", todas estas frases que lamentablemente ya se han vuelto de uso cotidiano en nuestra vida diaria, se puede decir que forman parte de nuestro vocabulario y se contemplan como parte rutinaria de cada día .

Pareciera que se ha vuelto una obligación el hecho de que los seres humanos se tienen que pasar la mayor cantidad de tiempo posible descansando, sin hacer nada, sólo con la intención y encomienda de estar más cómodos y a gusto, para adoptar esta postura créeme que hay todo un abanico de excusas y posibilidades que te pueden ayudar a seguir sin hacer nada.

De cierta forma está bien, creo que al final la vida de todo ser humano en esencia de eso se trata, de vivir haciendo lo que te gusta y tratar de descansar la mayor cantidad de tiempo posible, con el pequeño gran inconveniente que para poder hacer esto, primero debes asegurarte de tener una calidad de vida económicamente estable y decorosa, de lo contrario, tienes que luchar y sacrificarte lo suficiente para tener los recursos necesarios y luego empezar a pensar en poder descansar todo el tiempo que quieras.

Espero que reflexiones al respecto y hagas algo que te pueda ayudar, saber que, todo aquel que ha incorporado a su itinerario cotidiano excusas y pretextos para no hacer nada productivo, es notorio que tendrá una calidad de vida altamente cuestionable.

La gran duda aquí es saber si también Usted quiere tomar ese camino de constantes justificaciones y no intentar un cambio, pues creo que de antemano se conoce el desenlace de este tipo de historias.

Si no es el caso y prefieres, será mejor arriesgarse a hacer algo nuevo y diferente, por lo menos esto te ayudará a encontrar un resultado distinto al que actualmente tienes.

Imaginemos todos los escenarios posibles tanto buenos como malos en caso de animarte o arriesgarte a experimentar un cambio, ¿qué es lo peor que puede pasar al intentar hacer algo diferente? Creo saber la respuesta y quiero compartirla con Usted siendo, hasta cierto punto, pesimista, vamos a pensar en el peor de los resultados, a pronosticar una pérdida de tiempo y, siendo un poco más cruel, también de dinero.

Tenemos que mentalizarnos que intentando llevar a cabo nuevas estrategias, en especial inversiones de tiempo o de dinero que nos ayuden a mejorar, siempre que sean en nuestro beneficio, existe la posibilidad y en grandes proporciones de que no se obtengan los resultados esperados al momento, pero no por el hecho de no lograr lo que se quiere al primer intento, se condiciona a que no se pueda obtener a la segunda, tercera o cuarta intención.

Lo verdaderamente complicado y difícil para muchas personas en este tema es no rendirse, cuando la clave del éxito del resultado está en intentarlo las veces que sea necesario hasta obtener lo que quieren, da tristeza ver cómo la gran mayoría se da por vencido al primer fracaso que tienen.

También es muy bueno entender que el resultado obtenido, con independencia que sea bueno o malo, siempre debemos canalizarlo de manera positiva, programarnos para que, en el caso de no obtener los resultados deseados, estar conscientes que tenemos que hacer mucho trabajo de consciencia para entender que no se perdió ni tiempo ni dinero, enfocar nuestros futuros pensamientos de forma optimista, con independencia que los resultados sean negativos, entender que se está pagando un precio, no sé si sea alto o bajo, según cada caso en particular y familiarizarnos con la idea que esa erogación forma parte del proceso de aprendizaje que se tiene que recorrer en el camino hacia el éxito.

Como todo lo bueno en esta vida siempre tiene un costo, en este caso, no tendría por qué ser la excepción. Debemos aprender a manipular nuestros pensamientos de manera positiva, productiva y optimista, comprender que toda pérdida de tiempo y dinero que se sufre en el intento por obtener mejores resultados es una inversión y, como tal, implica un alto riesgo y en algunas ocasiones, es probable que no se obtengan los resultados deseados, sino todo lo contrario, solo se convierta en una erogación, es decir, efectuar uno o varios pagos por aprender una nueva experiencia que, al paso del tiempo se convierte en una lección de vida.

En el proceso de la existencia del ser humano es sumamente importante el control y manejo de nuestros pensamientos. Comprender que no todo lo perdido es malo, nuestro pensamiento debe dirigirse a considerarnos dichoso por cada peso que se pierde arriesgando para ganar otro, hacernos a la idea que el verdadero problema es con todos aquellos seres humanos que se rinden en el proceso de seguir aprendiendo hasta llegar a tener los conocimientos suficientes que son los que te ayudarán a conseguir el éxito de manera satisfactoria.

Insisto, en esta lucha no tienen cabida los pretextos o excusas desgastadas de que el tiempo no te ajusta. Si no tienes segundos libres, inicia tu día una hora antes, o duerme sesenta minutos más tarde, deja de usar tanto tiempo el celular, de hecho, este punto es la mejor manera para que la mayoría de los seres humanos pueda recuperar en promedio más de tres horas al día.

Increíble que con el sólo hecho de dejar un poco de lado el uso del teléfono celular recuperemos tanto tiempo; no es de relevancia si lo sacrificas en el WhatsApp, Facebook, Instagram u otras redes sociales o simplemente navegando en internet, lo importante es tener esos segundos, minutos u horas al día en tu itinerario para poder iniciar lo antes posible un cambio.

Es cuestionable la cantidad de tiempo que se le dedica a este aparato digital, pero te aseguro que no es la única solución, tal vez sea la más relevante, incluso fácil, pero también puedes ganar minutos al reducir el tiempo consumido en muchas otras actividades diarias por ejemplo al momento de ingerir los alimentos.

La idea es implementar soluciones nuevas que te ayuden a economizar minutos en todo, es increíble cuántos momentos puedes recuperar con un pequeño cambio o ajuste que hagas en tus rutinas diarias y de hecho estoy casi seguro que tienes años haciendo las mismas sin ninguna pequeña variante.

Maximiza conceptos en todo lo que puedas para ahorrar tiempo. Por ejemplo, si vas a desayunar, hazlo a una hora que no sea pico para almorzar sin tanta gente y así te atenderán más rápido. La idea es que entiendas que en todo puedes organizar tus tiempos para que cada tarea del día la realices en los momentos menos congestionados y de esta forma, con estos pequeños detalles que no requieren otra cosa más que voluntad, ganas, organización, administración y planeación, desperdicies o gastes el menor tiempo posible en cada actividad.

La verdad, de dónde sacar o recuperar minutos extras al día, puedes estar seguro que sobra, lo que de verdad se necesita para tenerlos son ganas para poder sumarlos a tu vida diaria y posteriormente invertirlos de manera correcta en cosas productivas.

Pero, de nueva cuenta insisto, siempre será más fácil poner o inventar cualquier excusa o pretexto para no intentarlo, como casi siempre sucede con la mayoría de las personas que se rinden ante el sólo hecho de pensar en hacer algún cambio u ajuste en su rutina diaria.

Con el dinero pasa exactamente igual que con el tiempo. En mi libro ***MI PRIMER MILLÓN,*** que es una historia real y obligada para todo aquel ser humano que quiera conocer el camino que se tiene que recorrer para poder pasar de tener deudas a ganar tu primer millón en poco tiempo, en el doy una explicación completa y detallada de lo importante que es iniciar cambios de fondo en nuestra vida, demostrar que cuando se quieren hacer las cosas, si se hacen con convicción, se pueden lograr y en periodos relativamente cortos de tiempo. Una bonita lectura que te puede ayudar a demostrar que es posible cambiar tu vida en unos cuantos meses sin esperar décadas para conseguir una mejor posición económica.

Lo he comentado durante toda mi existencia, que ya forma parte de nuestra cultura el vivir, mejor dicho, el sobrevivir día a día de manera muy limitada, la gran mayoría de los mortales viven resignados a esta idea, creen que así será durante toda su existencia, porque, al igual que en el ejemplo anterior, nunca logran entender que con simples acciones podemos conseguir grandes cambios y, en especial si son canalizados de forma correcta, al hacerlo estos serán productivos y trascendentales.

En este capítulo en particular hay un punto que marca mucho la diferencia, porque créanme que el único camino conocido, después de lograr tener un ahorro, o por lo menos el que es un poco más seguro para poder brincar de un estatus económico menor a otro superior, es el de las inversiones y las condiciono a que tienen que ser buenas y rentables.

Pareciera en cierto modo este comentario obvio y hasta obligatorio, pero no lo creas hay mucha gente que no entiende esta parte de la vida, como en todo momento lo he dicho es más el miedo o temor a investigar o experimentar algo diferente, que la motivación que se ocupa para aventurarse a iniciar algo nuevo, aunque sea para su beneficio, créanme, no es nada fácil animarse.

Por lo menos al empezar las únicas inversiones que podrás hacer tendrán que ser de tiempo, por la eminente y obvia falta de liquidez que muy probablemente experimentarás al momento de querer iniciar este nuevo proceso.

No se puede negar que, ejecutándolas de manera correcta, sin duda te traerán un sin fin de beneficios, tal vez de momento sólo en tiempo, pero recuerda que sabiéndolo aprovechar este se puede transformar en dinero.

Se debe estar consciente que, desafortunadamente, los resultados que más nos gustan a los mortales son los económicos, los que en su gran mayoría se pueden palpar y, por ende, disfrutar y en especial, hacer notar.

No nos podemos alejar de la realidad, pero habrá que entender lo relativamente sencillo que resulta iniciar una inversión, con independencia de que esta sea en tiempo o dinero.

Lo verdaderamente complicado es tener las ganas y agallas suficientes para realmente hacerlo, una vez que te animas debes tratar de mantener siempre viva la idea que al final el resultado valdrá la pena, para seguir motivado y no desistir en el intento.

Son tan notorios los beneficios que logras al implementar pequeños cambios y acciones en tu rutina diaria, por ejemplo, considerando que una persona promedio que trabaja todo el día fuera de casa y que por lo tanto tiene que hacer tres comidas al día, casi siempre fuera del hogar, si aplicas pequeñas variantes en cosas tan insignificantes, haciéndolas de forma constante, puedes estar seguro que obtendrás grandes resultados.

En este caso básico hablando de la ingesta de alimentos, por las muchas ganas que tienes de salir adelante, de un día para otro reduces de manera drástica tus egresos y en lugar de tomar un jugo natural por la mañana para acompañar el desayuno, un refresco por la tarde al momento de comer y por último un vaso con agua fresca por la noche para cenar, considerando que el precio promedio de cada una de estas bebidas oscila entre los diez y veinte pesos.

Basta dedicar unos pocos minutos para hacer unos cuantos números y al instante te podrás dar cuenta que veinte pesos por comida, por tres que se hacen al día, pueden hacer una diferencia para cualquier persona.

Al momento de hacer las multiplicaciones, te podrás enterar que ese sencillo cambio te puede ayudar a ahorrar cerca de veinte mil pesos en un año.

Y aunque esa cantidad de dinero puede sonar a poco efectivo para más de uno, puedes reforzar tus ganas con unos cuantos minutos de reflexión, donde te darás cuenta que esa pequeña variante, que incluso se podría considerar hasta insignificante, te va a resultar bastante buena por el lado que se vea, y si logras resultados con simples cambios, ¿qué esperas para hacerlos más en forma y sobre todo de fondo en todas tus rutinas diarias? Te aseguro, aún sin conocer, que gran parte de tu rutina es altamente cuestionable.

Ni qué decir del beneficio que al momento recibirá tu salud, porque obviamente sustituirías esas bebidas altas en azúcar por otro líquido, en este caso, tal vez un simple vaso con agua, que puedes estar seguro que te ayudará mucho más con tu economía y en especial, con la salud, pues espero que tengas idea del daño que hacen los ingredientes que contienen todas las bebidas dulces, en específico el exceso de azúcar.

Por donde se vea, al final, con el resultado obtenido sales ganando por todos lados.

Para estos momentos espero que ya tengas una clara idea de lo importante que es crear estrategias de mejoría, en especial para el fomento y desarrollo del ahorro, seguido de una correcta inversión.

Imagínate entrar de lleno al tema, logrando hacer ajustes considerables que te ayuden a conseguir grandes cantidades de dinero a tu favor.

Puedes estar seguro que por cada uno de esos sacrificios que en ocasiones llegan a ser sobrehumanos, recibirás un beneficio con creces, además que resulta necesario el poder conseguir un ahorro de efectivo, y, así iniciar una inversión, sacrificio ahorro e inversión son las palabras que aplicadas de forma correcta te pueden ayudar con la posibilidad de lograr un cambio real.

Una vez que tienes un ahorro grande o pequeño, eso realmente no marca la diferencia, lo importante es dedicar en ese momento la mayor cantidad de tiempo posible a pensar estrategias y planificar el mecanismo idóneo y rentable para invertir ese dinero de manera correcta y poder empezar a cambiar tu manera de vivir, recuerda siempre luchar y esforzarte cada segundo del día por conseguir una mejor estabilidad económica.

Otro dato muy valioso es comprender la importancia de nunca darse por vencido, les insisto mucho en este punto por su trascendencia al querer conseguir buenos resultados, cuando inicien algo jamás deben pensar en rendirse, debemos animarnos y arriesgarnos a intentarlo las veces que sea necesario hasta conseguir lo que se quiere.

De verdad, créanme, tienen que estar completamente mentalizados que un buen resultado al final vale la pena por cada segundo de sacrificio invertido, ya sea pequeño o grande, total, el esfuerzo es recíproco al beneficio y entre más grandes sean los sacrificios mayores serán los resultados.

Por favor, nunca te acostumbres a la calidad de vida que tengas, con independencia de que está sea buena o mala. Es importante estar convencido de que siempre hay algo mejor y que no existe una sola excusa que justifique el que no la puedas tener o merecer.

Debes estar siempre pensando y soñando a lo grande, que para negocios pequeños ya tienes mucha competencia por todos lados, básicamente uno en cada esquina. Cuida siempre que tus metas y sueños sean tan grandes, al grado que te sientas incómodo cuando estés platicando o interactuando con mortales de mentes pequeñas, pero a su vez, tan ajustadas y apegadas a la realidad, que no se vuelvan un sueño imposible de lograr.

Te comentaba en el párrafo anterior que debes sentirte incomodo cuando platiques con personas que no tengan las mismas metas y pretensiones que tienes. Recuerda que el que con lobos anda a aullar se enseña, pero también lo flojo se contagia.

Quiero aclarar que soy de la idea que cada cabeza es un mundo, por lo tanto, existe un sinfín de maneras de pensar distintas y, sobre todo, de ver la vida, pero si tuviera que clasificar tantas mentalidades diferentes, estoy seguro que las podría encasillar en tres tipos:

Las primeras, a las que puedo llamar mentes maestras, son las que sólo hablan de ideas y proyectos, culminan cada etapa de su vida ejecutando las que estiman como las mejores propuestas. Este tipo de personas serian una excelente compañía.

Las segundas son las que podría llamar mentes inteligentes, son las que comentan hechos, trabajos y realidades, que se preocupan la mayor parte del tiempo por hacer y generar ganancias. También se puede recomendar su asesoría.

Por último, tenemos las terceras, a las que consideraría mentes distraídas, las cuales tienen como principal característica que invierten la mayor parte de su tiempo y de su vida metidos en el celular o hablando del vecino, amigo, conocido, desconocido, etc. De este tipo de personas es de las que si se tiene uno que mantener lo más retirado posible.

Con base en lo expuesto en el párrafo anterior, por favor, haz un profundo análisis, para que nunca descuides lo más valioso que tiene todo ser humano, su tiempo; cada minuto cuenta, la vida de todo terrenal se resume a la forma como manejes, administres e inviertas cada segundo de tu existencia.

Por eso, por lo que más quieras, no lo desperdicies en tonterías, en especial hablando de los demás.

Inviértelo de la mejor manera posible, de la más productiva, por ejemplo, en ti. Puedes empezar de una forma positiva, hablando bien de todas las cualidades que posees o de las cosas buenas que has logrado hacer con tu vida al paso de los años, y con esto comenzar a generar cargas positivas a tu favor.

Primero pon en tu mente ideas, pensamientos, proyectos y cosas buenas, para que después de aplicar las gestiones y estrategias necesarias puedan llegar a tu vida como realidades.

Ahora que sabes la importancia y relevancia que implica el conocimiento y dominio de la administración de cada segundo de tu tiempo, te pido que te tomes el necesario para que puedas pensar y reflexionar con toda la calma posible, acerca de la manera en cómo has manejado y administrado el tiempo en tu vida.

Será necesario analizar cada episodio de tu existencia para detectar y cambiar todos los malos hábitos y rutinas que no te han ayudado a conseguir la calidad de vida que buscas o quieres.

En serio, es muy necesario que hagas una pausa a fin de regalarte el tiempo suficiente para meditar con total tranquilidad sobre todos los posibles cambios que tu vida requiere para mejorar y empezar a cambiarlos cuanto antes, de verdad es lo más recomendable.

Nunca faltará el pesimista que diga: "pero si dedico mucho tiempo a nada más estar pensando voy a estar malgastando mi vida", y es válido, respeto cada manera de pensar, nada más recuerden que existe una gran diferencia entre pensar para estructurar una correcta estrategia y así conseguir un mejor beneficio futuro, a estar con la mente en blanco sin hacer nada, únicamente perdiendo el tiempo pensando en la inmortalidad del cangrejo, son dos cosas completamente distintas con resultados muy diferentes.

Para terminar este capítulo, les quiero recordar un sencillo consejo: inviertan, de verdad, háganlo con todo lo que puedan, no importa la cantidad, ya sea mucha o poca; lo verdaderamente relevante es hacerlo de forma constante. No es trascendente saber con qué hacen sus primeras inversiones, porque igual pueden empezar a realizarlas con tiempo u con dinero.

En el peor de los escenarios pudiéramos pensar en la posibilidad que no se obtendrán los resultados esperados, cuando esto pase pueden refugiarse en el hecho que es altamente posible que algo así llegue a suceder, por la sencilla razón que no conocen adecuadamente el camino que se tiene que recorrer para consagrar con éxito esta nueva faceta.

Sin embargo, pueden estar seguros que, con independencia de los resultados negativos obtenidos, haciendo inversiones de manera constante, tarde o temprano conseguirán los resultados satisfactorios y productivos que se buscan, recuerden que la paciencia hace al maestro y la práctica al experto.

Para finalizar quisiera añadir que la perseverancia es una de las cualidades predilectas que acompaña siempre al éxito de todo ser humano, nunca lo olviden, y al momento de consagrar de manera satisfactoria su primera inversión, porque sé que lo harán lejos de ganar por haber obtenido un beneficio económico a su favor, habrán ganado mucho más de lo que se imaginan.

Por la sencilla razón que aprendieron el camino de cómo se hacen y, sobre todo, los beneficios que estas generan, el resultado es tan bueno que se vuelve bastante adictivo para seguir constantemente en su lucha y búsqueda.

7.- Mente positiva/negativa

Lo he dicho a lo largo de estas líneas, un requisito fundamental para cambiar la vida de cualquier ser humano es modificar su manera de pensar. Hace falta dejar de lado la mentalidad negativa que todos tenemos dentro y es bueno hasta por razones de salud mental, pues la negatividad, como su mismo nombre lo dice, es mala por el lado que se vea, limita todo, comenzando por la capacidad para ver las oportunidades que constantemente la vida te pone de frente.

En la actualidad, todos los seres humanos nos hemos convertido en esclavos de los pensamientos negativos, son parte de nuestra formación y crecimiento. Los erróneos protocolos de vida impuestos desde antaño se han dedicado a programar nuestra mente para reaccionar en automático y al instante de forma negativa.

Entendamos que son años, incluso décadas, adoptando una misma manera de pensar, por lo tanto, es muy complicado cambiarla de la noche a la mañana. Teóricamente, se puede escuchar como algo demasiado fácil de hacer, decir: "hoy me voy a levantar y no voy a tener un solo pensamiento negativo". Les aseguro que esta tarea no es nada fácil de realizar, de hecho, no los quiero desmotivar, pero se requiere de mucho esfuerzo, paciencia y disciplina para lograrla con éxito.

Sin embargo, también es verdad que no es algo imposible, todos pueden aprender a reprogramar su mente para que los pensamientos positivos fluyan de manera natural, incluso con mayor frecuencia que los negativos. Con un cambio así de simple y que para muchas personas resulta hasta sencillo, sales ganando y mucho, te aseguro que no tienes la mínima idea de cuánto mejora tu existencia con este simple cambio.

El consejo más básico que te puedo compartir es que comiences a hacerte el ánimo de cambiar tu mentalidad, por complicado que parezca, te aseguro que se puede. Empezar por buscar siempre lo bueno a todo lo malo que te pase, suena bastante irónico y hasta difícil de creer, pero tienes que estar preparado y entender que siempre existirá algo positivo en cada experiencia negativa vivida, absolutamente todas lo tienen.

No olvidemos que nos educaron durante décadas a tan sólo resignarnos cuando algo malo nos pasa, nunca se nos programó para buscar lo bueno en todo lo malo, cuando sólo se necesita un poco de optimismo y analizar con detalle lo acontecido, para darnos cuenta de que por nublado que se vea el panorama, siempre existirá un rayito de luz o esperanza.

Aunque, insisto, siempre será más fácil resignarse a pensar que no hay nada de bueno en cada cosa mala que nos pasa, se nos acostumbró a siempre ver lo malo en todo, se puede decir que forma parte del instinto natural de la enseñanza que hemos recibido durante toda nuestra formación, educación y crecimiento.

La intención de estas líneas es que te familiarices lo antes posible con las cosas buenas de la vida y que trates, sin cesar, de pensar positivamente. Pero la mayoría de las personas se han vuelto demasiado pesimistas, prefieren seguir hundidos en la negatividad sin darse la mínima oportunidad a intentar un cambio, aunque éste sea con la finalidad de mejorar.

No olvides que todo comienza en la mente, como se los comenté, un activo con un poder increíble. Para colmo de males sabemos que conoce perfectamente cada una de las debilidades de todo ser humano, por lo que se debe tener mucho cuidado en la forma en que manejamos y canalizamos nuestros pensamientos.

Pero una vez que tomas la decisión de iniciar la batalla interna contra tus emociones, temores y miedos, tienes que generar un ambiente optimista para afrontar una batalla más justa con tu mentalidad negativa, dejar de reaccionar en todo momento con esa ráfaga de pensamientos repetitivos y pesimistas que en nada te ayudan y pelear incansablemente por buscar lo bueno de cada suceso, para de verdad empezar a nivelar la balanza hasta que se cargue a nuestro favor.

Una vez que estás completamente convencido que quieres conseguir un cambio, sería una excelente idea entender que por más mala que sea tu vida, siempre tendrá cosas buenas, que tu manera de pensar te ayude a mejorar tu situación emocional interna, en ocasiones el simple abrazo de un ser querido es la mejor medicina para motivar nuestros sentimientos a cambiar, ayudar a nuestra mente a manipular los pensamientos internos al momento de apreciar algún suceso, en específico, que estos reaccionen y den respuestas positivas a nuestra conveniencia, con total independencia del suceso.

Con este tipo de acciones tan sencillas podemos manipular nuestros pensamientos de manera positiva. No queramos solucionar toda una vida de problemas de un solo golpe, recordemos que Roma no se hizo en un solo día, fue un trabajo laborioso y constante que requirió de mucho tiempo y esfuerzo, por lo tanto, lejos de buscar soluciones inmediatas, comencemos por aprender que no todo es malo, reconocer que hay más opciones que no existen sólo las negativas, hacerse a la idea que también la vida nos tiene reservadas muchas cosas buenas.

Así es la mejor manera de empezar la construcción y formación de una mentalidad positiva, optimista y, sobre todo, productiva.

Como lo comenté con el ejemplo del dinero, el primer lugar por donde debe pasar el efectivo para poder llegar a tus manos es por la mente; si no hace una escala en dicho lugar durante su trayectoria, puedes estar completamente seguro que será mucho más difícil que pueda llegar a tu poder.

En este caso, con los pensamientos negativos y positivos sucede exactamente lo mismo, tenemos que comenzar a saturar nuestra manera de pensar con un montón de cosas positivas y optimistas para que nuestra mentalidad se familiarice con esta actitud y una vez que la tenga, empezar a adoptarlas como parte de nuestra esencia diaria.

Es parte fundamental de la ley lógica natural del ser humano: quieres aprender a jugar fútbol, lo primero que debes hacer es familiarizarte con el tema, juntarte con personas que sepan jugar, que jueguen y además que sean buenos haciéndolo; si quieres ser mejor que la mayoría, tienes que equiparte con las herramientas, equipos, aditamentos y accesorios necesarios, como en este caso, comprar un balón y zapatos de fut, dedicarte de tiempo completo a practicar en todos lados y a todas horas, jugar en la calle, en una cancha, en tierra, pasto, cemento donde se pueda, la idea es dominar el juego en todos los terrenos a la perfección y hacerlo las veces que sea necesario, hasta que obtengas la perfección que necesitas.

Puedo contarte que prácticamente cualquier actividad, en esencia, requerirá del mismo proceso de práctica y aprendizaje, pues en este caso de querer cambiar los pensamientos y cosas malas por buenas, tenemos que aplicar el mismo principio; primero, poner bastantes pensamientos de puras cosas positivas y optimistas en nuestra mente, para que nuestro subconsciente no tenga otra opción que adoptarlas como propias, que de tantos pensamientos buenos que tiene almacenados comience a hacer uso de ellos a criterio e influencia de nuestro excelente previo trabajo de manipulación, hasta lograr que estos fluyan de manera natural en nuestra existencia sin darnos cuenta.

Creo que he sido lo bastante claro para que le quede bien grabado lo importante que es programar nuestra manera de pensar para tener razonamientos y afirmaciones positivas. Primero entendamos que existen, que son posibles y que tenemos derecho a ellas, a vivir y disfrutar de sus beneficios.

¿Qué cosa nos podría hacer tan diferentes unos de otros como para pensar que dicho privilegio de gozar de una vida decorosa es únicamente derecho de unos cuantos? Es más lógico que nuestra mente haga el intento de acostumbrarse a usarlas cuando en nuestro interior creemos en ellas, que querer pensar positivamente cuando solo tenemos negatividad en nuestra existencia; ahí sí de verdad no sabría cómo ayudarlos. Cuando no se quiere ayudar uno mismo, no hay poder humano que lo pueda hacer.

Sé perfectamente que decirlo es muchísimo más fácil que hacerlo, estoy convencido de eso, lo tengo bastante claro, pero tienes que entender que es algo que de verdad se puede lograr, y, que el resultado vale la pena, no existe una sola justificación para no cambiar tu manera de pensar.

En serio, tienes que aplicarte para cuando tengas una mala experiencia en la vida hagas todo lo posible a fin de buscarle el lado bueno a dicha tragedia.

Entiende que todo, absolutamente todo, por malo que parezca, siempre tendrá algo bueno, tal vez no en el volumen y cantidad que quisieras pero puedes estar seguro que sí lo tiene, además, siempre será mucho mejor tener una esperanza que te ayude a seguir adelante, que resignarte a recibir siempre lo malo sin haber intentado hacer un cambio.

Tenemos que ser conscientes que las cosas buenas producen bienestar a cualquiera que las adopta como parte de su vida, por lo tanto, debes enseñarte a generar cargas positivas en tu día, en cualquier actividad que realices, busca la manera de propiciar las condiciones necesarias para tener momentos de satisfacción y alegría que te ayuden a estar siempre de buenas y te hagan sentir bien, recuerda que solo basta una gota para terminar con una larga sequía.

Incentivar tu mente para que te ayude a manipular tus rutinas diarias y buscar un poco de tranquilidad y bienestar emocional, que al final, todos estos factores se traducen en felicidad y, ésta a su vez, se convierte en satisfacción, por lo tanto, es algo bueno y lo bueno siempre será productivo y positivo.

Todas las cosas buenas que logremos sumar a nuestra manera de vivir y de pensar, en el momento que menos te imaginas te pueden ayudar a generar las condiciones necesarias para estar contento y satisfecho contigo mismo.

Como te lo he comentado en todo momento, con la única intención de que puedas tener un mejor ambiente en todo tu entorno y que tu manera de pensar esté en la misma sintonía, que tus ideas, planes y metas, todas de buenas, que tu mente por inercia natural y de forma inconsciente reaccione con respuestas positivas ante las constantes interrogantes que te tiene reservada la vida diaria.

En esencia, se trata que llenes tu mente con pensamientos, emociones, reacciones, momentos, recuerdos, sensaciones todos positivos, para que tu subconsciente se sature de energía optimista.

Será tu mejor recompensa lograr la perfecta manipulación de tu manera de pensar y lograr que cuando se ocupe ésta eche mano de las respuestas que convenientemente has puesto en tus bandejas de opciones, todo este trabajo encaminado a tratar de obtener el mejor resultado en cuanto a la calidad actual de vida que tienes.

Que llegue el momento donde por cada mal pensamiento que tengas, hayas logrado almacenar en tu mente un millón de buenos momentos y recuerdos para hacer uso de ellos cuando se necesite, tener siempre una clara ventaja de un millón a uno entre lo bueno y lo malo.

No olvidemos que el noventa y cinco por ciento de nuestras decisiones diarias las toma nuestro subconsciente, solo el cinco por ciento son pensamientos realmente razonados, pensados, estudiados y analizados de forma consciente. La gran mayoría de las decisiones que tomamos son hechas con premeditación en respuesta a un impulso, entonces, por bienestar mental de aquí en adelante cada que tengas que tomar una decisión, sobre todo con relación a tus finanzas procura pensarlo detenidamente y en especial, tratar de involucrar por completo tu mente para de verdad razonar y sobre todo reaccionar y responder de la mejor manera.

Tengo la plena convicción que otro simple detalle que le puede ayudar considerablemente a cualquier ser humano de manera considerable a conseguir resultados positivos en su existencia es el hecho de agradecer por todo y a todos.

Les aseguro que no existe nadie en este planeta que no haya vivido, en más de una ocasión, un momento crucial donde estuviese a punto de perder algo importante o valioso.

Cuando hablamos de valores sentimentales es donde los seres humanos de este planeta muestran un poco más de sensibilidad y al darnos cuenta que al final de la jornada no sucede nada que se tenga que lamentar, brota en automático, desde el interior de nuestro ser, el más grande de los sentimientos de agradecimiento por seguir contando con lo que queremos y tenemos.

Es de cierta forma inexplicable esa atracción que existe entre las cosas buenas y positivas, las que tal vez nos ayudan a generar sucesos de bien en nuestra existencia, por eso, lo menos que podemos hacer como seres humanos agradecidos es agradecer siempre a todos y por todo, poner de nuestra parte para generar siempre energía positiva.

Les vuelvo a recordar que generar cosas buenas depende cien por ciento de las ganas que tenga cada uno en su interior de atraerlas a la existencia de cada uno. Los sentimientos y emociones que motivan agradecimiento obedecen directamente a los deseos que tengamos de otorgarlas a todos aquellos que forman parte de nuestro entorno.

Hay ejemplos tan sencillos que dan muestra de lo fácil que puede resultar lograr lo dicho en el párrafo anterior, pudieras empezar por considerarte una persona sumamente agradecida y afortunada por tener cada una de las cosas que disfrutas diariamente, como los alimentos, la salud, el trabajo, los amigos, los conocidos, el tiempo libre, los recuerdos, las historias, anécdotas, alegrías, satisfacciones y, lo más valioso e importante que puede tener todo ser humano, la familia y los hijos.

Con todo eso créeme que ya es más que suficiente para considerarte un ser humano verdaderamente bendecido y privilegiado.

Para suerte de todos nosotros, las cosas positivas son tan nobles que basta un poco de disciplina y ganas para generarlas; es suficiente recordar buenos momentos, bonitos recuerdos, lindas historias, todas las alegrías y satisfacciones personales que tengas guardadas en tu mente, para que tu subconsciente genere felicidad al instante, produciendo una sensación tan grande que abarca la capacidad de cambiar cualquier estado de ánimo de malo a bueno, de negativo a positivo, en prácticamente cualquier ser humano.

Los tiempos actuales son difíciles, estamos viviendo en una sociedad muy complicada, llena de egoísmo y arrollados por el capitalismo. Nos encasillamos tanto en esa idea que, en muchas ocasiones nos ahogamos en un vaso de agua, pareciera que es la nueva regla de vida, vivir con temor, miedo y pánico a prácticamente todo, sobrevivir pensando en atraer a nuestra existencia todas las cosas malas que tiene este planeta, generando un ambiente de negatividad en todo nuestro ser y entorno.

Sin importar lo anterior, cuando las cosas en tu alrededor no estén funcionando de la mejor manera y te sientas derrotado; cuando creas que estás hecho pedazos, en el momento que tanta negatividad te nuble por completo la vista y la existencia misma puedes estar seguro que se te hará mucho más difícil buscar alguna posible solución.

Cuando estés viviendo algo así y busques una salida, lo primero que debes hacer es apartar de la mente tantos malos pensamientos, aunque sea por fracciones de segundos, de modo tal que despejes tus ideas, vacíes por completo todo lo malo, que tu mente quede completamente libre. Una limpia completa, al hacer esto podrás dar entrada a nuevas ideas en este caso optimistas que te ayuden a encontrar posibles soluciones que a su vez generen bienestar en tus futuras decisiones.

Un consejo que, estimo, le puede ser de mucha ayuda, en ocasiones es tan fácil generar cargas de energía positiva en tu vida, como el simple hecho de ayudar a un tercero que lo necesite, sin importar quien sea, si es conocido o desconocido, te aseguro que acciones tan simples y sencillas te ayudarán a sentirte mucho mejor y a emparejar de cierta forma la balanza para que las cosas buenas y positivas comiencen a tener una pequeña ventaja sobre las malas.

Son situaciones, métodos y acciones comprobadas que generan al instante sensaciones de energía positiva y optimista en tu existencia.

Por muy complicado que pueda escucharse, sí es posible convencerte que, con independencia que tú seas la persona que se sienta mal, y en esos momentos en que aparentemente es cuando más ayuda de alguien necesitas, en lugar de recibirla, tienes que ser tú quien ayude a alguien más. Al realizar esta acción —no sé si llamar sencilla o complicada—en beneficio de otro semejante, te puedo asegurar que te retribuirá emocionalmente de una manera inimaginable, al grado que te podrás dar cuenta de que realmente no estás ayudando a nadie, más que a ti mismo.

Al final de la acción, el ser humano que recibirá el mayor beneficio de todo esto es quien brinda la ayuda desinteresadamente, no tanto el que la recibe (aunque claro que también se beneficia), no puedo negar que la mejor parte se la lleva quien se ofrece a ayudar, por el sentimiento sincero de felicidad y agradecimiento interno que se genera en su interior al momento en que lo hace, es verdaderamente inexplicable, pues estas sensaciones sólo se pueden experimentar cuando lo hacemos ayudando a alguien que de verdad lo necesita, en especial de forma desinteresada.

No hay manera más práctica y sencilla para generar una gran carga de optimismo en nuestra existencia que ayudar a todo aquel que lo necesite. Toda buena acción se traduce en energía positiva y al final esto es bueno para todo el ser humano que la genera.

Te puedo ayudar comentándote el siguiente dato, los pensamientos negativos que inundan la mente de todo mortal se basan en puras conjeturas y temores, en su mayoría de las veces son infundados, hasta en un noventa por ciento, por lo tanto, muchos de ellos nunca llegan a concretarse. Podemos atribuir este gran problema al almacenamiento de pensamientos negativos, pesimistas y obsoletos que nuestra mente guarda de forma genérica en nuestro inconsciente. La falta de actualización y ganas de renovarse en todo, en especial en la manera de pensar de muchos de nosotros, es uno de los principales problemas que tiene que vencer cualquier mortal preocupado por mejorar.

Como con cualquier otra cosa en esta vida, primero tenemos que vaciar la bandeja de entrada para poder llenarla de nueva cuenta, en este caso tenemos la ventaja que, una vez vacía, podemos escoger con mucho cuidado lo que vamos a almacenar en ella, Aquí será prudente seleccionar sólo lo bueno obedeciendo a las experiencias vividas por cada uno.

Para esto debes programar tu mente, desechar todo aquello que te produzca malestar y dar espacio solo a las puras cosas buenas. Para ello, revive cada momento y recuerdo de todo lo que te hace sentir vivo y te llena de alegría y felicidad, genera el ambiente correcto para producir una atmósfera positiva, cambia a fondo todos los malos hábitos y corta de tajo con las malas rutinas y costumbres del pasado que has llevado a la práctica de manera errónea e involuntaria durante tanto tiempo.

Haz todo lo necesario para mantener lo más alejada posible la posibilidad de todo aquello que te pueda producir pensamientos negativos.

Con afán de mantener vivas las ganas de buscar algo mejor, te puedo compartir que solo es cuestión de seguir una serie de sencillos pasos que creo te pueden ayudar a tener una mente positiva: estar en constante renovación, fomentar las actividades que te producen bienestar, así como todas aquellas que te nutren y enriquecen emocionalmente, procura siempre rodearte de personas optimistas y positivas, porque, aunque lo dudes, solo se comparte lo que se recibe.

Es claro y pertinente entender que, si te juntas con personas pesimistas, lo menos que puedes esperar es generar negatividad en tu vida. La idea es convivir y familiarizarte tanto con personas que tengan pensamientos optimistas, hasta el grado que estos formen parte de tu vida diaria, la idea es contagiarte lo antes posible de buena vibra.

En este punto cabe mencionar una frase muy conocida, la cual dice que para todo adicto el primer paso que tiene que dar, con la intención de avanzar y mostrar un progreso, es reconocer que realmente necesita ayuda. En este entendido, un excelente comienzo en este caso sería reconocer toda la negatividad que existe en nuestro interior para empezar a trabajar en procedimientos que nos ayuden a expulsarla de nuestra mente inmediatamente.

Hasta en tanto no tengamos la fortaleza de admitirlo, lo único que lograremos será continuar generando más y más negatividad con nuestro rechazo a la realidad y obvio solo en nuestro perjuicio. El principio de sumar y no restar es la clave para muchos buenos resultados. Hagamos de la negatividad nuestro mejor amigo para convertir, poco a poco los pensamientos pesimistas en optimistas.

Aunque parezca complicado, con muchas ganas, la suficiente paciencia y persistencia, aunado a un correcto manejo de las relaciones mentales y en especial mucha atención en el entorno que te rodea, eventualmente llegará el momento en el que todos esos pensamientos negativos se irán desvaneciendo hasta que te quedes sólo con las cargas de energía positiva. Entonces será cuestión de canalizarlas de manera correcta para conseguir una mejor calidad de vida.

El día en que te puedas dar cuenta, de toda la gente que está preocupada buscando "cómo ser más optimistas y positivos", te sorprenderás por la respuesta, pues hoy en día se ha vuelto la cosa más normal del mundo ser una persona negativa y pesimista en toda la extensión de la palabra.

¿Cómo no serlo si durante décadas se nos ha programado para ello? Durante nuestro crecimiento se nos enseñó a temer, crecer con miedo, mantener vivas todas las cosas malas imaginables, y a convivir con el pánico que algo negativo nos pueda suceder en cualquier momento, de tal suerte que se nos plantea lo malo como algo seguro y bueno nos obligan a hacer sólo lo conocido, continuar con las rutinas diarias para evitar los riesgos de un resultado negativo, pero esa idea no es con otra intención que solo acostumbrarnos a sobrevivir y, nunca a vivir.

Lamentablemente para la gran mayoría de los seres humanos, hoy en día existen muchas más amenazas y cargas negativas que en cualquier otro momento en la historia de la humanidad.

Vivimos los tiempos más difíciles, pero a pesar de eso no olvidemos que las malas condiciones son para todos parejos, por lo tanto, entre menos tiempo duremos quejándonos y mejor aprovechemos cada segundo del día para hacer cosas productivas, pueden estar seguros que al empezar tendrán una clara ventaja sobre todos los demás.

Ante tal paradigma solo quedan dos opciones: la primera es que te atormentes con toda la maldad que existe en el mundo, la segunda es que te alegres al saber que no eres la única persona preocupada por estas razones, al contrario, casi todo mortal está buscando el camino o el procedimiento a seguir para ser más optimista.

Entonces, ¿qué esperas para actualizarte y cambiar? Por simple que parezca esta sencilla reflexión, te puede dar una idea del nivel de negatividad o positivismo que vives; ya depende de cada uno cuál opción quiere adoptar para el resto de sus días.

Por último, ¿qué más motivación necesitas para iniciar un cambio en tu vida si sabes que está demostrado que ser positivo aumenta los niveles de felicidad en cualquier ser humano? No olvides que ser pesimista es como tener un carro descompuesto, incluso ponchado, puedes estar seguro que así no llegaras a ningún lado.

8.- Conclusiones

Creo que el mensaje que he querido compartir es bastante claro. Por favor, abra su mente, entienda que todos tenemos derecho a recibir cosas buenas. De hecho, debes poner especial atención cuando logres cumplir con éxito alguna de tus metas o propósitos de vida, ese momento es para llenarte de alegría, felicidad, satisfacción y gritarlo a los cuatro vientos.

Erróneamente se tiene la creencia que todo aquel ser humano que hace alarde que ha conseguido subir un escalón más en está difícil y empinada escalera de la vida, está haciendo mal, en el mejor de los supuestos lo tachan como una persona creída o presumida.

Debemos comprender que la mente humana no tiene mejor pago o recompensa que saber por sus propios medios que está haciendo lo correcto y, mejor aún, que lo realizó de manera efectiva estar consciente del éxito que logro, a cambio de este merito recibe una satisfacción emocional muy gratificante.

De verdad, es muy importante que se hagan a la idea que todos los humanos tenemos derecho a que nos pasen cosas buenas. Es un excelente comienzo por el camino del optimismo; reconocer y aceptar que, gracias a los esfuerzos, en ocasiones sobre humanos, estos pueden cambiar la calidad de vida de cualquier ser humano, ayudando al instante a generar cosas buenas y productivas.

Comprender que por muy mal que se porte la vida contigo, el mundo no se acaba e imaginar que en el supuesto de que en un solo día el demonio del pesimismo te atormente con cien resultados y experiencias malas, cada una peor que la anterior, incluso cuando el destino deje caer a tus espaldas todo un cúmulo de tristezas inimaginables, aunque algo así te suceda y sientas que no puedes más, sabrás que puedes extraer fuerzas desde lo más profundo de tu ser para no darte por vencido y hacer hasta lo imposible, un verdadero acto de fe, con mucho sacrificio para sacar los poderes sobrehumanos con los que tal vez no sepas que cuentas, pero créeme que están ahí especialmente para estas ocasiones.

Todos tenemos ese poder y está ahí esperando a ser invocado, sólo hace falta que estés dispuesto a sacrificarte para generar por lo menos una sola cosa positiva en todo tu mal día, este simple cambio te sorprenderá de lo que lograra. Pronto te darás cuenta de cómo una sencilla acción puede empezar a generar mucho bienestar.

En muchas ocasiones basta una sola cosa buena para romper con toda una mala racha de macabros sucesos negativos, de esas ocasiones que hacen inevitable pensar que hubiera sido mil veces mejor no haber salido de casa.

Como te lo he comentado a lo largo de esta lectura, con un solo acto que ejecutes con optimismo, éste te ayudará a conseguir unos pequeños instantes de felicidad para que de cierta forma inyectes a tanta maldad una semilla de bienestar, con independencia del tamaño de satisfacción que puedas lograr, ya es un avance.

Te aseguro que actuando así siempre sales ganando mucho más de lo que imaginas, pues estás logrando educar a tu mente, le estás enseñando que por malo que hubiera sido tu día, no tienes que pensar en todo como negativo, sino enfocarte en el instante agradable que lograste generar, para terminar con la mala racha y adoptar una nueva y excelente actitud que permita seguir generando cosas y momentos optimistas a tu rutina diaria.

Tienes que practicar incansablemente para aprender a controlar tus reacciones, emociones y pensamientos; influir en que tus impulsos siempre sean positivos, convertirlos en pensamientos de provecho y no sólo de malestar.

Aprender a educar tu mente para almacenar

de forma exclusiva en tus memorias las cosas buenas que te pasen en la vida, con independencia de que en el transcurso de veinticuatro horas sólo hayas experimentado un buen suceso y que, por el contrario, en el mismo lapso de tiempo viviste cien cosas malas.

No olvides que la decisión final sobre qué guardamos en nuestra mente depende al cien por ciento de nuestras decisiones y ganas de salir adelante, estar consciente que lo que se almacena es lo que nos permite disponer de elementos para dar, depende de cada uno si son cosas buenas o malas las que quieres tener y por ende compartir con todos los seres humanos que te rodean.

Contribuye, en la medida posible, con aportaciones sustanciales y positivas a las memorias y recuerdos que almacenas, al hacer esto comenzarás a disfrutar de grandes beneficios, como descansar con una buena vibra y una excelente actitud, está plenamente comprobado que es uno de los mejores métodos para tener un reposo de provecho y conseguir una recarga de energía positiva para iniciar cada nuevo día con muchas más ganas y fuerzas.

Poner todo de tu parte para cuando te levantes al día siguiente tengas un excelente comienzo, que cada día sea mucho mejor que el anterior. Pronto tu mente entenderá que tiene toda la ayuda que necesita para sobreponerse a cualquier adversidad por compleja que pueda ser, no bastarán cien cosas malas que te pasen en la vida para truncar tus planes, propósitos, proyectos y metas, porque como te lo dije, una sola cosa buena podrá cambiarlo todo; con ese logro de energía positiva que consigas o generes es con la que te debes quedar y será más que suficiente para entender que la idea principal es producir lo que se necesite para vivir feliz.

Un requisito para seguir en el camino correcto es ser muy observador con todo tu entorno. Te aseguro que al captar todos los detalles por pequeños e insignificantes que parezcan, descubrirás lo importante que es, cada uno cuenta, mucho más de lo que te puedas imaginar.

Por otro lado, cuando no sepas algo, tienes que abrir tu mente para recibir información y con esa actitud, documentarte, prepararte, preguntar, pedir consejos, hacer todo lo humanamente posible para estar en constante búsqueda de una mejor calidad de vida.

Ten siempre presente que cuando pidas un consejo debes escucharlo y llevarlo a cabo con la única condición y limitante de que lo has de pedir a personas que a simple vista estén mucho mejor que tú en todos los sentidos. No caigas en el error de querer asesorarte con seres humanos que estén en las mismas condiciones que quien lo pide, porque no tienes ni tantita idea de los malos resultados que obtendrás con esto.

Tienes que estar consciente que, de encontrarte en este supuesto, nunca podrás aspirar a ser mejor que tus mentores, hazte el ánimo a que siempre estarás por debajo de ellos. Recuerda que todo el mundo te ayudará siempre y cuando la ayuda que te den no sea tanta que suponga la opción o la posibilidad que puedas llegar a ser mejores que ellos, porque en cuanto esté en juego o riesgo esta situación, puedes apostar que se terminará la ayuda que recibías, tristemente estamos en una sociedad llena de envidia e hipocresía.

Lo que sí queda completamente descartado es pedir consejos o asesorías a todos aquellos que estén peor que uno, porque lo más seguro es que en un corto tiempo llegues a estar en igual de condiciones que aquel que te da el consejo. Por eso es muy importante poner mucha atención en esta parte, ver a quién nos acercamos para pedir ayuda o consejos, cuando estés frente a esa persona a la que piensas pedir asesoría es obligatorio que te hagas la siguiente pregunta: ¿es esto lo que quiero para mi vida?

Comenté en párrafos anteriores de la importancia de cuidar todo lo que almacenamos en nuestra mente; recordemos que cuanto tenemos es lo que vamos a repartir, y aclaro y reitero que lo que decidimos guardar en nuestra memoria es decisión única y exclusiva de cada uno, aunque el vecino, conocido o desconocido puede influenciar sobre estas decisiones acerca de lo que queremos almacenar en nuestras mentes. Debes entender que, para la decisión final, la persona que realmente tiene la última palabra en cuanto a este punto es cada uno, de nadie más depende dicha elección, mucho menos que puedan decidir si son cosas buenas o malas las que pretendemos almacenar.

Por eso tenemos que aprender a seleccionar todo lo que conforma nuestro entorno, canalizando nuestras elecciones en todas las personas que permitimos que integren nuestro círculo más cercano.

Entendamos que somos el claro reflejo de las personas con las que más tiempo convivimos pues siempre damos y compartimos lo que guardamos, porque inconscientemente es lo que aprendemos, de manera inconsciente lo absorbemos de la gente que nos rodea y al final es lo que trasmitimos y heredamos.

Bajo este principio, empieza lo antes posible a rodearte de personas positivas en grado exagerado, busca seres humanos que siempre le vean el lado bueno a la vida, que hagan de todo por tratar de ser mejores y que las cosas siempre les salgan bien.

Sé bastante selectivo, que cada uno de ellos comparta la misma ideología optimista para que juntos busquen generar energía positiva y productiva. Es una atracción muy sencilla de entender, si quieres ser millonario, júntate con millonarios, es una de las opciones más viables para lograrlo, recuerda que el que con lobos anda, tarde o temprano a aullar se enseña.

Estoy seguro que cada día compartido con gente exitosa algo nuevo aprenderás de ellos; si, por el contrario, quieres ser pobre, convive con perdedores, eso te ayudará a desmotivarte lo suficiente, al grado que en muy poco tiempo puedas llegar a ser uno de ellos.

Hay ejemplos tan burdos de esto como el siguiente: qué pasa si te arrimas a un árbol frondoso de algún fruto, lo menos que puedes esperar es recibir una excelente sombra y con un poco de suerte más de alguna fruta puede estar a tu alcance para que ingieras algo de comida sin tanta complicación. Es un razonamiento bastante lógico, por el contrario, ¿cuáles serían los resultados de acercarte a un árbol frutal todo seco?

En esta ocasión no podrás gozar de los beneficios que proporciona la sombra que da un árbol frondoso, esta vez corres el riesgo que, en el primer descuido, una de las tantas ramas secas que tiene se desprenda y te caiga en la cabeza causándote un gran chipote, en el mejor de los casos. Es muy importante valorar a dónde te acercas, con quién te rodeas, espero que comprendas la lección que intento compartir contigo mediante este sencillo y simple ejemplo, porque con la gente positiva y negativa pasa exactamente lo mismo.

Tienes que acostumbrarte a dejar de buscarle lo malo a todo, cambia esa forma negativa de ser, no gastes tu tiempo pensando en las cosas malas que te suceden, intenta siempre encontrar una solución a cada problema y te aseguro que más de uno lo tendrá, no puedes vivir toda tu vida pensando que lo bueno es sólo para unos cuantos.

¿Qué te hace pensar que eres diferente, que no puedes formar parte de ese grupo al que le suceden puras cosas buenas? Si no tienes la dicha de que te sucedan a ti, es porque no trabajas en ello, así que comienza a hacer todo lo necesario para generar las condiciones que se ocupan hasta que te pasen por iniciativa propia.

Entre las cosas más lamentables que puede ocurrirle a todo ser humano está quedarse resignado a no hacer nada, acostumbrarse a que siempre le suceda lo malo y sentirse cómodo con eso por el puro gusto.

Hasta en el supuesto que experimentaras el peor de los escenarios y no pudieras contar con nadie a tu alrededor de quien apoyarte para seguir adelante, incluso para comenzar a generar cosas buenas en tu existencia, ni en este caso resulta suficiente para que te límites a probar tan generosos beneficios.

Cuando tu situación sea extrema, como en este ejemplo, en lugar de lamentarte o sentarte a llorar, comienza a ser el principal generador de cosas buenas, optimistas, productivas y positivas en tu vida, trabaja para impactar todo tu entorno de buena manera y mostrarte a ti mismo con hechos que si no tienes las condiciones fáciles, esto no será limitante, ni motivo suficiente para que las comiences a generar por cuenta propia en tu beneficio; que de la noche a la mañana, gracias a las ganas que tienes de mejorar todo lo que realices, te haga sentir mucho mejor.

No hay nada más positivo y optimista que demostrarse a sí mismo que lo bueno no es algo imposible, y lo más importante, que si se tienen ganas lo puedes generar y, una vez que lo consigues, entender que es contagioso, para comenzar a trasmitirlo a todos tus seres queridos.

No puedes seguir siendo negativo, viviendo lleno de envidias y rencores. Deja de pensar erróneamente, pues al adoptar este tipo de conducta pesimista nada ganas, al contrario, lo único que consigues es facilitarle la vida a alguien más, a los enemigos por ejemplo y eso no es nada bueno.

Entender que mientras más sean las personas que piensan de forma positiva, mayores serán los beneficios para todos, es tan simple que cuando estas rodeado de pura gente optimista, si en alguna ocasión alguien del grupo piensa en rendirse en esta difícil tarea, basta voltear a los costados y apoyarse del hombro de la primera persona que se tenga a un lado, pues de antemano sabes que busca el mismo resultado que tú, el bienestar común.

Con esto, seguir adelante en esta lucha hasta conseguir el éxito, un apoyo de este tipo de ayuda es muy útil, pues abona la dicha de también tú haberla ayudado a seguir adelante cuando esa otra persona necesitó de una mano. Es algo bastante simple de comprender, si caminamos juntos, ayudándonos los unos a los otros, será más fácil llegar a la meta.

Crear un entorno completamente positivo con tanta fuerza y empuje generara tanta tracción que te arrastrara cuando sientas que ya no puedas hacerlo; implementando estas acciones lograrás una mejor calidad de vida, puedes estar seguro.

Hay que entender el principio básico que resulta necesario hacer un cambio de fondo en todas nuestras bases de formación y crecimiento, es indispensable comprender esta parte de la humanidad para poder adoptar una actitud optimista.

Con esto no me refiero a que todo el día tengamos que estar brincando, cantando, bailando, fingiendo ser felices, tratando de mantener una sonrisa de oreja a oreja, sino que basta con poner todo de nuestra parte para conseguir un resultado especifico y dejar que el tiempo y el destino haga la suya para completar la encomienda.

Es comprensible que no exista la felicidad plena, ni alegría que dure las veinticuatro horas del día, pero también es verdad que en ningún lado dice que estamos obligados a ser infelices todo el tiempo, ¿estamos de acuerdo?

De hecho, con poco se logra demasiado, basta con tener ganas para cambiar nuestros pensamientos erróneos, con estas pequeñas modificaciones ya salimos ganando y mucho.

Debemos practicar todos los días a todas horas hasta lograr manipular nuestros pensamientos de forma precisa y positiva, que nuestra mente aprenda a siempre ver las cosas buenas de la vida aun en las peores circunstancias, empezando con el clásico ejemplo del vaso de agua que se encuentra a la mitad. En un autoanálisis simple y sencillo puede ser un excelente comienzo para saber cómo lo ve cada uno, pues ya dependerá de los individuos qué actitud es la que se quiere tomar: una negativa y ver el vaso medio vacío, o ser positivo y verlo medio lleno, siempre es bastante bueno saber en qué lugar estamos parados, pero es mucho mejor estar consciente a dónde queremos llegar.

Entender que con independencia de los resultados que arroje cada nuevo emprendimiento que realices, tenemos que aprender a nunca rendirnos, jamás desistir de lo que estemos haciendo. Les recuerdo que hasta en los peores pronósticos siempre habrá algún aprendizaje positivo.

Tenemos que enseñarnos a manejar nuestros pensamientos para siempre ver las cosas buenas de la vida, siempre y cuando se quiera, porque en el caso de no querer, no habrá poder humano que les pueda ayudar.

Hay que estar bien conscientes de adoptar dentro de nuestra vida diaria una actitud optimista y positiva, es algo demasiado importante, pero creo que es mejor saber cómo hacerlo de forma correcta.

Entender que necesitamos canalizar cada uno de nuestros pensamientos de manera correcta, para poder manipularlos a nuestra conveniencia. Una vez que lo logramos, es momento de hacerlos generar energía positiva y productiva para lograr nuestras metas.

Les aseguro que no es tan difícil como puede parecer y, por el contrario, los beneficios y resultados de aplicar con éxito una actitud optimista son tantos y tan gratificantes. Que casi puedo asegurar que no tienen idea de las mejorías que en automático generaran en su calidad de vida, comenzando por ser menos pesimistas y, créanme, que con eso ya es un avance considerable para cualquier ser humano de nuestros tiempos.

Por otro lado, es muy importante tener en todo momento los pies bien puestos en la tierra, estar conscientes de la realidad que vivimos, para entender lo que podemos lograr. Será de gran ayuda el tener claridad en nuestras metas, sueños, planes e ilusiones, porque de nada servirá vivir engañándonos todo el tiempo, sin poder concretar nada con éxito, sólo por no reconocer la realidad de la cual partimos y hasta donde podemos llegar.

No es sano vivir siempre construyendo castillos en el aire, sin ninguna esperanza, ni probabilidad de hacerlos realidad, está es la peor tontería y pérdida de tiempo que le puede ocurrir a un ser humano. Es verdad que debemos procurar un alto nivel en nuestros objetivos, pero siempre y cuando están al alcance.

Cuando se piense que las rutinas diarias no están proporcionando los mejores resultados, en esos momentos en los que sientes que todo el mundo conspira en tu contra, que tu vida y tu entorno se derrumban y la realidad confabula para que tu existencia se vuelva más negativa; cuando todo esto se junta, el peor error que puede cometer cualquier ser humano es dejar que nuestra mentalidad se ahogue en esos pensamientos, permitir que nuestra mente se llene de negatividad es el peor de los caminos que se pueden tomar.

Lo único que logramos al rendirnos ante una constante serie de sucesos negativos o incluso un mal día, es dejar en el olvido el principio de optimismo, el cual vive en la oportunidad que tiene todo ser humano de salir adelante. Debemos de poner todas nuestras fuerzas para entender que por más mal que pinte cualquier panorama, siempre habrá una luz de esperanza al final del túnel para obtener un mejor resultado.

Debemos comprender que cualquier catástrofe tiene un fin, aunque cada uno de nuestros sentidos colabore haciendo que lo malo parezca mucho más grave de lo que realmente es. En este aspecto, la mente se encarga de generar las cargas de energía negativa al por mayor, situación que termina empeorando la circunstancia y complicándonos por completo la existencia. En ese momento es natural que empecemos a dudar de que pueda existir alguna posibilidad de bienestar, incluso nos cuestionamos si de verdad existen cosas buenas dentro de tanta negatividad.

La realidad actual, por complicada que parezca, no siempre es tan negativa; de hecho, está conformada por sueños e ilusiones y lo mejor de todo es que en su mayoría dependen al cien por ciento de nuestra manera de pensar y actuar. Además, está en nuestro poder ejecutar acciones concretas con éxito en cada uno de nuestros objetivos y que esto sirva de ejemplo para los demás, como una motivación.

Hay que mantener siempre vivo en nuestro interior una fuente de inspiración altamente poderosa que nos ayude a convertir los pensamientos pesimistas en positivos y con este proceso generar productividad, bienestar y una energía adecuada para nuestra vida diaria, y con ello, una mejor existencia en todos los sentidos.

Recordemos que en este mundo todo lo que vale la pena requiere de esfuerzo, dedicación y tiempo. Estoy completamente de acuerdo en que nos planteemos objetivos reales y factibles, aunque su proceso de ejecución pueda ser bastante largo, pero les aseguro que el resultado valdrá la pena y aportará beneficios considerablemente sustanciosos a la existencia de todo aquel que no desista en su lucha.

Podemos partir del principio básico que cualquier actividad realizada con calma, siempre y cuando se haga de forma correcta y constante, puede llegar a aportar un resultado considerable. Lo realmente importante es saber con exactitud hasta dónde queremos llegar y, sobre todo, cuánto deseamos progresar, porque eso sí es una decisión que depende al cien por ciento de cada quién.

Cada que puedas, de preferencia la mayor parte del tiempo, pon orden en tu día y en tu vida, jerarquiza tus actividades para establecer prioridades y aclara tu mente. Utiliza pequeños momentos de tiempo para puntualizar qué es lo que en realidad quieres, piensa en una buena estrategia que contemple un estructurado plan con cronograma de tiempos y metas. Haz todo lo humanamente posible para que puedas hacer realidad esos proyectos, enfócate en los beneficios que te traerá alcanzarlos con éxito para que puedas poner todas tus fuerzas, ganas y empeño en ello.

Ten siempre presente que una de las cosas que realmente vale la pena e incluso, es de las más valiosas e importantes que puede poseer todo ser humano, es la felicidad, y, para suerte de todos los mortales, este preciado recurso lo puedes obtener con un poco de planificación y muchas ganas, porque es gratuito y está al alcance de todo aquel que lo sepa generar.

Creo que una forma muy sencilla de producir bienestar y tranquilidad en tu existencia es ayudar a la mayor cantidad de personas que puedas, y siempre hacerlo sin esperar nada a cambio, simplemente por el puro gusto y la satisfacción que brinda el hecho de hacerlo de manera desinteresada.

Te aseguro que no tienes idea la felicidad que esto te generará. Cuando comienzas a realizar este tipo de actividades como parte de tu rutina de vida diaria, cambias todo el entorno en que habitas, en automático y de forma increíble se vuelve más positivo y productivo, incluso saludable, para todos los que te rodean, pero en especial para ti.

Para terminar, quisiera darte un humilde consejo y un breve comentario, recuerda que dinero sí hay y mucho, de hecho, existe en prácticamente todos lados, hoy en día, la gran mayoría de personas quieren tener más dinero del que poseen y el gran problema radica en que no todos ellos están dispuestos a hacer lo que se necesita para obtenerlo, ahí está la gran diferencia entre unos y otros, ¿de qué lado quiere estar, querido lector? Creo saber la respuesta y le reitero que para eso hace falta mucho, muchísimo esfuerzo, empeño, trabajo, dedicación y más ganas de las que actualmente le está poniendo, pero no todo es malo, el hecho de estar leyendo estas líneas es un buen presagio de que tiene ganas y eso ya es bastante bueno.

No puede haber mayor dicha en el mundo para vivir eternamente agradecido de todo y con todos que el solo hecho de saber que existen personas que hacen cosas por uno que muchas de las veces uno no las haría por ellos, creo que este principio es el principal motivo para vivir completamente agradecido con Dios y la vida misma. ¡Mucha suerte! Por último, no me queda más que decir que no desista en buscar siempre una mejor calidad de vida, tomarse el tiempo suficiente para pensar con total calma cada una de tus siguientes acciones.

9.- Agradecimientos

Quiero agradecer a cada una de las personas que han formado parte de mi vida y que, de una u otra forma, directa o indirecta, siempre me han ayudado a realizar con éxito cada uno de mis sueños: mis padres, Mario y Ma. de la Luz; mis hermanos, Luz Elizabeth, María de Jesús y Miguel; mis hijos, Andy, Mario y Liah; mi pareja, Iyali; mis compadres Rubén y Jenny, Eugenio y Nora, Efrén y Claudia, Hilario. También agradezco a mis amigos: Fernando, Millán, Fabricio, Gabriel, José Alfredo, Saúl, Agustín, Becerra, Martin, Gaby, Villano, Porres, Ismael, José, Genry; a todos, no tienen idea de cómo aprecio todo lo que cada uno de ustedes ha hecho por este humilde servidor, a grado tal que a más de uno siento que le debo la vida misma. Muchas gracias por su compadrazgo y amistad.

Por otro lado, una sincera disculpa a todos aquellos a quienes, por una u otra razón, olvidé mencionar, ustedes saben que de igual manera vivo y viviré eternamente agradecido por cada gesto que han tenido hacia mi persona. Muchas gracias por todo el tiempo que se han permitido regalarme, les aseguro que atesoro en mi mente cada bonito recuerdo que hemos podido compartir juntos.

Quiero que sepan que de verdad valoro lo que es un amigo, que lo veo como la cosa más valiosa que puede tener el ser humano, por eso están presentes en cada recuerdo, que Dios me los bendiga y cuide hoy y siempre a cada uno de ustedes, a sus familias y seres queridos también.

Quiero que este libro sea un bonito homenaje a cada una de las personas anteriormente mencionadas, que sea un testimonio escrito en hojas de papel para que pueda trascender la barrera del tiempo, pasar de generación en generación hasta el final de la historia de la humanidad.

Una pequeña pero sincera muestra de agradecimiento por brindarme su valioso afecto, una constancia escrita como muestra de la gratitud que siento hacia ustedes por formar parte del tesoro más valioso que puede tener todo ser humano sobre la faz de esta tierra: la amistad.

También quiero agradecerle a Dios por absolutamente todo, tanto por lo bueno como por lo malo que me ha tocado experimentar a lo largo de todos estos años de vida. Jamás me cansaré de darle las gracias por cada nuevo día que me permite abrir los ojos para contemplar todas las cosas hermosas de este bello planeta, entre ellas la mejor de todas, mis tres queridos hijos.

La intención del autor, mediante este libro, no es proporcionar un asesoramiento como tal, mucho menos legal, contable, financiero o de inversiones personalizadas o rentables. No existe método o sistema comprobado para que algo o alguien pueda asegurar el resultado adelantado, mucho menos favorable, de lo aquí planteado. Humildemente, me permito recomendar a todos mis lectores buscar el complemento mediante consejos y asesorías de profesionales, expertos, personas competentes y reconocidas en la materia, que les ayuden a buscar o en su caso consultar para el planteamiento de una correcta estrategia.

El autor, el editor y los participantes involucrados directa o indirectamente en la producción, edición e impresión de estas líneas negamos rotundamente cualquier responsabilidad por cualquier pérdida o riesgo negativo en que se incurra como consecuencia directa o indirecta del uso, criterio, aplicación o interpretación de cualquiera de los temas, fragmentos, párrafos, líneas, palabras, consejos, moralejas o ejemplos contenidos en esta obra literaria.

Aunque al momento de la impresión, el autor y el editor han hecho todo el esfuerzo posible para asegurarse de que la información contenida en este libro sea correcta, ni el autor, ni el editor y ninguna de las personas que participan en ella asumen ninguna responsabilidad y quedan exentos de cualquier implicación por pérdida, daño, o problema ocasionado por errores u omisiones, ya sea que tales errores u omisiones sean el resultado de negligencia, accidente o cualquier otra causa o interpretación que se le pudiera dar al contenido, tanto en forma directa como indirecta.

Este libro no pretende ser un sustituto para la recomendación de acciones o estrategias. El lector debe consultar a un experto u profesional en cuanto a los asuntos y materias interesadas, y particularmente, con respecto a cualquier acción que pueda tener alguna reacción o consecuencia, con independencia de que sea buena o mala.

Los puntos de vista expresados son únicamente criterios del autor, y no deben de ser considerados como instrucciones ni órdenes de un experto; el lector es siempre responsable por sus propias decisiones y acciones.

La adhesión a todas las leyes y regulaciones aplicables, incluyendo internacionales, federales, estatales, municipales y de gobierno, las prácticas comerciales, la publicidad y todos los demás aspectos de hacer negocios en Estados Unidos, Canadá, México o cualquier otra jurisdicción, es responsabilidad exclusiva del comprador o lector.

Ni el autor ni la casa editorial asumen ninguna responsabilidad u obligación legal alguna en nombre del comprador o lector de este material literario.

Cualquier percepción sobre alguna ofensa a cualquier individuo u organización es completamente no intencionada, una disculpa de antemano en el caso de así sentirlo.

Muchas gracias por todo su tiempo y comprensión.

LOS SECRETOS DE LA MENTE

Para ganar dinero

se terminó de imprimir
en mayo de 2020
en los talleres gráficos
de Amateditorial, S.A. de C. V.
Prisciliano Sánchez 612, Centro,
Guadalajara, Jalisco
Tel-fax: 36120751
36120068
amateditorial@gmail.com
www.amateeditorial.com.mx

Edición y revisión al cuidado del autor